Die ersten 12 monate eines therapiebegleithundes

Vorbereitung auf die tiergestützte Arbeit

Anna-Lena Ebner

Bibliografische Information der Deutschen Nationalbibliothek:

Die Deutsche Nationalbibliothek verzeichnet diese Publikation in der Deutschen Nationalbibliografie; detaillierte bibliografische Dateien sind im Internet über http://dnb.dnb.de abrufbar.

Buch- und Coverdesign: Yes!Design

ISBN: 978-3-944473-46-8

Erste Auflage: Dezember 2017

Inhalt

VORWORT

DIESES BUCH ERKLÄRT IHNEN die Erziehung eines Welpen im Hinblick auf eine anschließende Ausbildung zum Therapiebegleithund und die spätere Arbeit in der tiergestützten Therapie. Ich möchte Ihnen von der Auswahl des für Sie und Ihre Arbeit richtige Welpen über die Erziehung in den ersten Monaten mit besonderem Hinblick auf die Sozialisierung des Welpen bis hin zum Erlernen von grundlegenden Kommandos und Tricks und der Auswahl der Ausbildungsstätte hier die Grundlage für Ihre spätere Zusammenarbeit mit Ihrem Hund geben. Unterstützt haben mich hierbei Interviews mit der Hundetrainerin und Ergotherapeutin Kristin Lutz sowie mit Silvia Sturmberger, Hundetrainerin, Prüferin des Messerli Forschungsintistutes für staatlich zertifizierte Therapiebegleithunde und Gründerin von Therapiehund & Co.

1

Die Auswahl des Welpen

BEVOR ES AN DIE ERZIEHUNG des Welpen geht, steht erst einmal die Frage nach der Auswahl des Welpen an sich. Welcher Hund für Sie und die spätere Arbeit als Therapiebegleithund an Ihrer Seite geeignet ist, ist nicht so einfach zu beantworten. Es gibt verschiedene Aspekte, die bei der Auswahl Ihres zukünftigen Hundes eine Rolle spielen, und einige Dinge, die Sie dabei beachten sollten.

Dieses Kapitel gibt Ihnen eine kurze Übersicht über alles, was Sie bei der Wahl der Hunderasse, der Auswahl des Züchters und bei den Eigenschaften Ihres zukünftigen Welpen in Betracht ziehen sollten, bevor Sie sich auf den für Sie geeignetsten Hund festlegen.

Die Hunderassen

Zunächst muss geklärt werden, welche Hunderassen sich für die Arbeit als Therapiebegleithund am besten, bzw. überhaupt, eignen. Diese Frage ist allerdings nicht pauschal zu beantworten, da sich verschiedene Hunde eignen und es zudem auf Ihre ganz individuellen Ansprüche an den Hund ankommt. Es gibt allerdings ein paar Rassen, die als Therapiebegleithunde sehr beliebt sind, und wiederum andere Rassen, von denen eher abgeraten wird. Es ist leichter zu sagen, welche Eigenschaften nicht erwünscht sind und welche Rassen daher eher ungeeignet sind!

> *Es gibt keine Rasse, aus der sich jeder Welpe eignet. Die individuellen Eigenschaften eines Welpen sind entscheidend!*

So lässt sich von Hunderassen, die für ihren ausgeprägten Jagdtrieb bekannt sind, eher abraten. Auch starke Beschützer- oder Hüteinstinkte sowie ein starkes Erregungspotential sind bei Hunden für die Arbeit in der tiergestützten Therapie eher unvorteilhaft. Natürlich spielen bei diesen Eigenschaften auch der individuelle Charakter des Hundes sowie die Erziehung eine große Rolle – den Jagdtrieb zum Beispiel kann man durch gezieltes Training natürlich intensivieren oder eben abschwächen –, aber grundsätzlich kann die Rasse eines Hundes ein gutes Indiz dafür sein, welches Wesen der Hund hat. Bedenken Sie daher, welche Arbeiten und Situationen später einmal auf Ihren Hund zukommen werden! Sie sollten also eine Rasse wählen, die vom Wesen her eher für eine ruhige Art bekannt ist und keine Probleme damit hat, mit verschiedensten Menschen zu agieren und Kontakt mit Fremden aufzunehmen. In Bereichen wie der Ergotherapie zum Beispiel ist Körperkontakt nicht zu vermeiden und ein Hund mit einem starken Beschützer- und Hüteinstinkt daher problematisch.

Auch das äußere Erscheinungsbild von Hunden sollte in Betracht gezogen werden. Sie und Ihr Hund werden nicht nur mit Menschen arbeiten, die keine Scheu vor Hunden jeglicher Größe und Farbe haben oder gar den Umgang mit Hunden gewöhnt sind. Große, schwarze Hunde wirken anders auf Menschen als zum Beispiel Hunde kleinerer Rassen – im Klartext: manche Hunde wirken eher furchteinflößend als andere. Natürlich sind diese Assoziationen leider oft von Vorurteilen geprägt, aber trotzdem sollten Sie sich überlegen, wie Ihr Hund auf Menschen, die vielleicht Angst vor Hunden haben, wirken könnte. Dies kann bei der Wahl der Hunderasse durchaus eine Rolle spielen!

Ganz abgesehen von den Eigenschaften, die Ihr Hund nicht haben sollte, spielen aber natürlich auch Ihre Anforderungen, beziehungsweise die Anforderungen des Einsatzgebietes des Hundes, eine Rolle. Dies ist ganz von Ihrem Beruf und Ihrer Klientel abhängig. Wird Ihr Hund in der Ergotherapie eingesetzt oder in Gebieten der Psychotherapie? Sind Ihre Klienten Kinder oder Erwachsene? Erwarten Sie von dem Hund zum Beispiel, dass er aktiver ist oder einer von der ganz ruhigen Sorte? Verschiedene Hunderassen sind also für verschiedene Aufgabenbereiche besser geeignet und das spätere Einsatzgebiet des Hundes bedingt somit Ihre Welpenauswahl! Sie sollten bei Ihrer Wahl daher wissen, welche Eigenschaften für Sie wichtig sind, und dementsprechend nach Hunden suchen, die Ihren Bedürfnissen entsprechen. Ganz abhängig von Ihrem Beruf muss die für Sie 'passende' Hunderasse gefunden werden. Dies allein ist aber natürlich noch lange keine Garantie: Sie dürfen nicht erwarten, dass Ihr Hund genau das Wesen hat, für das seine Rasse bekannt ist. Gleichzeitig muss die Rasse des Hundes nicht zwingend ein Ausschlusskriterium sein, denn auch die Abstammung, das Wesen der

Eltern, die Züchter sowie Ihre Erziehung und das Wesen des Hundes selbst spielen eine große Rolle – all diese Dinge müssen im Einzeln abgewägt werden! Aus Erfahrung kann ich sagen, dass Rassen alleine nicht das Wesen eines Hundes verraten müssen – Ihr Hund kann Sie da ganz schön überraschen!

Um aber an dieser Stelle trotzdem ein paar Hunderassen zu nennen, die sich für die Arbeit als Therapiehund gut eignen und sehr beliebt sind: Oft werden Sie Retriever – sowohl Labrador als auch andere Retriever – in der Therapiearbeit finden, aber man hört auch immer mal wieder z. B. von Bulldoggen. Dies zeigt Ihnen wohl schon, wie unterschiedlich die Wahl sein kann!

Gleichzeitig möchte ich aber betonen, dass es nicht pauschal die 'richtige' Hunderasse für den Beruf gibt und eine Vielzahl von Rassen in Betracht kommen! Solange sie nicht für die oben genannten Eigenschaften, von den abgeraten werden sollte, sehr bekannt sind – als Rasse oder auch durch das Verhalten der Eltern und den Ruf des Züchters –, haben Sie bei der Wahl der Rasse viel Spielraum. Daher möchte ich mich an dieser Stelle auch nicht auf ein paar beliebte Rassen beschränken und lediglich diese ausdrücklich empfehlen. Stattdessen rate ich Ihnen, sich mit verschiedenen Rassen zu beschäftigen und sich gut über diese zu informieren. Es gibt eine große Auswahl an Literatur, die Ihnen dabei helfen kann! Insbesondere aber sollten Sie dem Welpen selbst und seinem Wesen bei der Auswahl Aufmerksamkeit schenken und sich Ihrer Erwartungen an den Hund bewusst sein. Nicht jede Hunderasse wird Ihren persönlichen Anforderungen an den Hund gerecht werden! Welche Art von Therapie üben Sie aus und welche Aufgaben soll der Therapiebegleithund dabei in seiner späteren Arbeit erfüllen? Überlegen Sie sich genau, wie Ihr Therapiebegleithund nach seiner Ausbildung eingesetzt werden soll und welche Eigenschaften der Hund dafür besitzen muss, sowohl körperlich als auch vom Wesen her. Vergessen Sie dabei nicht, auch zu bedenken, wie die Größe und das Erscheinen des Hundes auf Ihre Patienten wirken kann. Beschäftigen Sie sich am besten mit verschiedenen Rassen. Auch lohnt es sich, Informationen von Personen einzuholen, die sich mit den von Ihnen präferierten Rassen auskennen, bevor Sie eine Entscheidung treffen.

Überlegen Sie sich genau, wie Ihr Therapiehund nach seiner Ausbildung eingesetzt werden soll.

Das Wesen des Welpen

Jedoch existieren einige allgemeine Kriterien zum Wesen des Hundes, nach denen Sie Ihren Welpen auswählen sollten. Sie brauchen einen Hund, der Ihrer Arbeit mit all ihren Anforderungen gewachsen ist. Ein wesensfester, beständiger Hund ist gefragt, der verschiedenste Situationen souverän meistern kann und ruhig bleibt. Gleichzeitig ist auch Intelligenz wichtig. Ihr Hund sollte gerne mit Ihnen arbeiten und an den Aufgaben Gefallen finden.

Diese Eigenschaften sind sicherlich bei einigen Rassen eher vorhanden als bei anderen. Allerdings ist hier Vorsicht geboten: Die Rasse des Welpen alleine gibt Ihnen keine verbindliche Auskunft über das Wesen des Hundes. Zwar sind gewisse Eigenschaften bei manchen Rassen sehr ausgeprägt, wie zum Beispiel der Jagdtrieb. Obwohl von diesen Rassen daher abzuraten ist, kann man deshalb nicht den Umkehrschluss ziehen, dass jeder Welpe einer Rasse, die auf dem Papier all Ihre Anforderungen erfüllt, tatsächlich geeignet ist. So gibt es Hunderassen, denen zum Beispiel nachgesagt wird, dass sie besonders kinderlieb sind – eine Eigenschaft, die in der tiergestützten Therapie sehr wichtig sein kann –, aber das heißt noch lange nicht, dass dies auf jeden Welpen und erst Recht nicht jeden ausgewachsenen Hund dieser Rassen zutrifft. Daher werde ich nun auf weitere, von der Rasse unabhängige Aspekte eingehen, die Sie bei der Auswahl Ihres Welpen beachten sollten!

Der richtige Züchter

Die Sozialisierung des Welpen prägt Hunde signifikant. Darauf werde ich im Laufe des Buches noch genauer eingehen. An dieser Stelle möchte ich aber bereits ein paar Worte zu dem Thema verlieren, da schon der Züchter bei der Sozialisierung des Hundes eine Rolle spielt und daher für die Auswahl Ihres Welpen von Bedeutung ist. Vereinfacht geht es hierbei darum, dass der Welpe schon früh verschiedenste Eindrücke von seiner Umwelt sammeln sollte, da ihn diese frühen Erlebnisse und Eindrücke prägen. Das Umfeld seiner ersten Lebenswochen ist also praktisch ein Grundbaustein für die weitere Entwicklung des Hundes und durchaus von Bedeutung für Ihre Wahl eines Welpen.

Was genau heißt das bei der Wahl des Züchters? Zunächst, dass Sie sich gut mit dem Züchter beschäftigen sollten, sich seiner Seriosität vergewissern sollten und sich seine Hunde sowie das Umfeld des Welpen beim Züchter genau anschauen sollten. In der heutigen Zeit hilft dabei natürlich auch das Internet: Prüfen Sie, ob Sie Erfahrungen von anderen Hundebesitzern über Züchter finden können!

Der Züchter sollte souverän und fürsorglich mit den Welpen und der Mutterhündin umgehen. Dies kann ein gutes Indiz für die Seriosität des Züchters sein, da sich hierbei zeigt, wie gut er sich mit Hunden auskennt und wie gut sein Umgang mit ihnen ist. Kann der Züchter Sie zum Beispielüber die Hunderasse und die Eltern der Welpen informieren? Kann er Ihnen über die einzelnen Welpen auch individuell genauere Auskunft geben? Wie schon erwähnt: die Rasse allein bestimmt nicht das Wesen des Hundes und auch die Welpen können schon ganz unterschiedlich sein! Um sicherzugehen, dass Sie bei dem Züchter die richtige Wahl treffen, benötigt es vor allem eins: etwas Zeit. Denn einen genauen Eindruck von dem Züchter können Sie sich nur verschaffen, wenn Sie sich über ihn erkundigen, aber auch ausgiebig mit ihm selbst über seine Zucht und die Welpen sowie die Elterntiere unterhalten und sich das Umfeld der Welpen zeigen lassen. Fällen Sie also keine vorschnellen Entscheidungen und prüfen Sie genau, wo Ihr Welpe herkommt und was er in den ersten Wochen erlebt hat!

Kann der Züchter Ihnen Informationen zu dem Charakter der einzelnen Welpen geben?

Beschäftigt man sich genauer mit dem Züchter, hat dies einen weiteren Vorteil: Der Züchter kennt die Welpen sowie besonders das Wesen der Elterntiere genau und kann Ihnen daher am besten über die Eigenschaften des Welpen Auskunft geben und Ihnen, wenn Sie Glück haben, daher auch bei der Wahl eines passenden Hundes helfen.

Die Rolle der Elterntiere

Die Elterntiere prägen das Wesen eines Welpen mit!

Dies bringt mich zu einem weiteren wichtigen Punkt, den Sie beachten sollten: die Elterntiere. Von ihnen wurden Ihrem Welpen wahrscheinlich die Eigenschaften vererbt. Auch die Beziehung zum Muttertier, und potenziell auch zum Vatertier, kann bei der Sozialisierung des Welpen in den ersten Wochen eine prägende Rolle spielen. Überzeugen Sie sich, dass die Elterntiere des Welpen gesund sind, aber achten Sie auch auf deren Wesen. Sie sollten auch die Muttertiere der Welpen kennenlernen und sicherstellen, dass diese ein ruhiges Auftreten haben und sich Menschen gegenüber offen und kontaktfreudig zeigen. Denn auch das erwarten Sie später von Ihrem Hund! Das Muttertier ist im Idealfall fürsorglich und souverän. In anderen Worten, die Eigenschaften, die Sie von Ihrem zukünftigen Hund erwarten, sollten Sie auch im Muttertier finden. Zwar ist das natürlich noch keine Garantie für das Wesen Ihres Welpen, aber ein guter Anhaltspunkt!

Bedenken Sie bei der Auswahl des Welpen aber auch, dass der Hund nicht nur ein Therapiebegleithund werden soll, sondern auch Ihr Hund. Ihr Hund sollte also nicht nur für die Arbeit die geforderten Anforderungen erfüllen, sondern auch Ihre ganz persönlichen und damit in Ihr Leben außerhalb der Arbeit passen!

Zusammenfassend eine Checkliste, was Sie bei der Auswahl Ihres Welpen beachten müssen:

- Welche spezifischen Aufgaben soll der Hund in der späteren Arbeit erfüllen und welche charakterlichen und körperlichen Eigenschaften sollte der Hund daher besitzen?

- Informieren Sie sich über verschiedene Hunderassen und deren Wesen! Suchen Sie sich ein Rasse, die souverän und ruhig ist, aber auch lernfähig und offen Menschen gegenüber!

- Beschäftigen Sie sich genau mit den Züchtern, die Sie in Betracht ziehen! Sind diese seriös? Können Sie Ihnen genaue Auskünfte über die Welpen und die Elterntiere geben?

- Wie ist der Welpe in den ersten Wochen beim Züchter aufgewachsen und welche Sozialisierung hat er hier erfahren? Lernen Sie den Welpen also schon vorher kennen und kaufen Sie nicht ‚blind' einen Welpen der Rasse, die Sie sich ausgesucht haben!

- Beschäftigen Sie sich auch genau mit den Elterntieren!

- Wenn möglich, erkundigen Sie sich bei anderen, die mit der Hunderasse Ihrer Wahl oder dem Züchter, den Sie in Betracht ziehen, Erfahrung haben. Auch das Internet kann hier hilfreich sein.

2

Vorbereitung auf den Welpen

BEVOR SIE IHREN WELPEN zu sich nach Hause holen, sollten Sie einige Vorbereitungen treffen – zum einen sollten Sie sich alles, was der Welpe am Anfang benötigt, schon vorher anschaffen, zum anderen sollten Sie sich zu diesem Zeitpunkt auch schon ausführlich mit der Erziehung und den Bedürfnissen des Welpen auseinandergesetzt haben, damit Sie bei der Ankunft des Welpen nicht unvorbereitet sind.

Zu der *Ausstattung*, die Sie sich anschaffen sollten, zählen ganz grundsätzliche Dinge, die jeder Welpe bzw. Hund braucht: Besorgen Sie einen Fress- und Wassernapf für Ihren Welpen und stellen Sie einen Rückzugsort für ihn bereit – das kann eine Hundedecke, ein Hundekissen oder eine Hundebox, je nach Belieben, sein. Kümmern Sie sich um eine Leine sowie ein Hundehalsband und/oder Brustgeschirr, eine Bürste für die Pflege des Fells und Kauspielzeug sowie natürlich Welpenfutter.

Besonders der *Rückzugsort* ist wichtig. Der Welpe muss sich in den ersten Wochen an viel Neues gewöhnen und viele neue Eindrücke und Erfahrungen werden auf ihn einwirken. Ein Rückzugsort ist daher, wie auch für Menschen, für Ihren Hund sehr wichtig. Auch später sollte Ihr Hund einen solchen Ort haben und diesen jederzeit aufsuchen können, wenn er eine Ruhepause möchte. Gönnen Sie dem Hund dort seine Ruhe. Idealerweise wählen Sie bereits jetzt etwas, das auch später für Ihren Hund während eines tiergestützten Einsatzes als Rückzugsort dient. Beachten Sie, dass Sie dieses Utensil auch immer mitnehmen müssen, um dem Hund einen Rückzugsort zu bieten. Das kann z. B. eine bestimmte Decke oder eine Hundematratze oder ein Soft Kennel sein.

> *Auch später sollte der Hund seinen Rückzugsort haben, an den er sich im Dienst zurückziehen kann, wenn er in Ruhe gelassen werden möchte.*

Zur Vorbereitung gehört aber auch schon die Auseinandersetzung mit der *Erziehung*. Ihre Erziehung des Welpen sollte direkt mit dem Kauf einsetzen. Damit ist natürlich nicht gemeint, dass Sie dem Hund nach der Ankunft ein straffes Programm auferlegen, aber Sie sollten sich überlegen, was Ihr Hund darf und was nicht, welche Erwartungen Sie an das Verhalten des Hundes haben, und dementsprechende Regeln sofort implementieren. Damit meine ich Dinge wie zum Beispiel: Darf Ihr Hund auf die Couch? Wenn nicht, dann sollte er es auch schon als Welpe nicht dürfen, damit er sich gar nicht daran gewöhnt. Wo soll Ihr Hund schlafen, wo soll sein Rückzugsort sein, wo soll er essen? Geben Sie dem Welpen von Anfang an eine klare Struktur vor und ändern Sie Ihre Ansprüche an ihn nicht. Da die ersten Wochen, wie schon erwähnt, sehr prägend sind, wäre es für den Welpen schwieriger, wenn er sich zum Beispiel abgewöhnen muss, auf der Couch zu liegen, obwohl er dies in den ersten Wochen nach der Ankunft bei Ihnen noch durfte.

Grundsätzlich ist es auch wichtig, dass der Welpe bei falschem Verhalten nicht durch Strafen getadelt wird. Denken Sie daran, dass Ihr Welpe Ihre Regeln zunächst nicht kennt und Ihre Sprache nicht versteht. Sie müssen ihn erst an Ihre Verhaltensregeln gewöhnen. Viele Hundetrainer arbeiten heute nach dem Prinzip der positiven Bestärkung, das heißt: richtiges Verhalten wird gelobt. Gerade in der ersten Zeit, in der Sie Ihrem Hund noch beibringen müssen, was richtiges und was falsches oder unerwünschtes Verhalten ist, sollen Sie daher mit Lob nicht sparen und Ihren Hund wissen lassen, wenn er etwas richtig macht! Dies wird im Laufe des Buches noch genauer erklärt.

Auch zum *Abholen* selbst gibt es ein paar Ratschläge, die die Situation für den Welpen – und damit auch für Sie – etwas erleichtern können. Am besten ist es, wenn Sie schon im Vorfeld ein wenig Kontakt mit dem Hund knüpfen konnten, ihn also ein paarmal gesehen haben und sich mit ihm beschäftigen konnten. Damit sind Sie dem Welpen nicht völlig fremd. Die Trennung ist für den Welpen natürlich eine stressige Situation, aber ist er an Sie – oder vielleicht auch an ein Spielzeug, das er auf der Fahrt haben kann – gewöhnt, wird es ihm etwas leichter fallen. Durch ein paar Vorsichts- bzw. Rücksichtmaßnahmen und eine gute Vorbereitung können Sie Ihrem Welpen also helfen!

> *Versuchen Sie sich noch beim Züchter mit dem Welpen zu beschäftigen, damit Sie für ihn nicht ganz fremd sind.*

Eine der wichtigsten Vorbereitungen, die Sie jedoch treffen sollten, ist, dass Sie sich Zeit nehmen. Geben Sie dem Welpen *Zeit*, denn er muss sich erst bei Ihnen eingewöhnen und Sie und Ihre Familie kennenlernen. Aber auch Sie müssen sich Zeit für den Hund nehmen und eine Bindung zu ihm aufbauen. Nur durch die Beschäftigung mit dem Welpen können Sie zu seiner Bezugsperson werden, was sehr wichtig für die spätere Beziehung ist! Bleiben Sie also zunächst noch viel bei dem Welpen und beschäftigen Sie sich intensiv mit ihm. Gleichzeitig ist es ratsam, eine große Unruhe und viel Besuch in der Anfangszeit zu vermeiden. Bedenken Sie, dass für Ihren Welpen alles neu ist und die erste Zeit mit Ihnen eine große Umgewöhnung für ihn darstellt. Überfordern Sie ihn also nicht. Für Sie heißt das also, dass Sie vorher ausreichend planen und sich Ihre Zeit gut einteilen müssen, damit Sie Ihrem Hund die benötigte Aufmerksamkeit geben können!

Zusammenfassend sollten Sie bei der Vorbereitung beachten:

- Kaufen Sie alle essentiellen Dinge, die ein Welpe braucht, schon vorher! Dazu gehören Fressen, Näpfe, Leinen, ein Hundegeschirr und ein Halsband, Kauspielzeug, ein Rückzugsort bzw. Schlafplatz für den Welpen und eine Bürste für das Fell.

- Planen Sie einen Rückzugsort für den Welpen ein.

- Setzen Sie sich vorher mit der Erziehung und den Regeln, die Sie Ihrem Hund setzen wollen, auseinander. Was soll der Hund auch später einmal nicht dürfen, was darf er? Implementieren Sie diese Regeln von Anfang an.

- Bestärken Sie den Welpen mit Lob, anstatt Fehlverhalten zu tadeln. Ihr Hund wird Ihre Regeln zunächst nicht verstehen und muss alles erst kennenlernen.

- Treffen Sie Vorbereitungen für das Abholen, damit Ihr Hund dabei so wenig wie möglich gestresst oder verängstigt wird. Vorheriger Kontakt und Hilfsmittel wie Spielzeug können dabei helfen!

- Nehmen Sie sich ausreichend Zeit für Ihren Welpen!

3

Die ersten 12 bis 18 Monate:

Ein Überblick

IST DER RICHTIGE WELPE erst einmal ausgesucht und sind alle Vorbereitungen getroffen, beginnt die Erziehung des Hundes.

Es gibt dabei verschiedene Dinge, die Sie Ihrem Welpen näherbringen und beibringen müssen. Für einen Welpen, der später einmal ein Therapiebegleithund werden sollte, ist diese Erziehung natürlich umso wichtiger. Der Hund muss gehorchen, an eine Vielzahl von Dingen gewöhnt sein und Sie müssen sich ganz auf Ihren Hund verlassen können. Er sollte gelassen sein, auch in stressigen Situationen ruhig bleiben können und natürlich offen und freundlich sein! Das heißt für Sie, dass Sie den Hund in den ersten Monaten dementsprechend erziehen und gewöhnen sollten. Aber Ihr Hund muss sich auch auf Sie verlassen können und Ihnen vertrauen.

Zunächst möchte ich Ihnen aber noch einen kurzen Überblick zu wichtigen Eckdaten geben. Das Mindestalter von Hunden bei Beginn der Ausbildung zum Therapiehund variiert je nach Ausbildungsstätte, oft ist aber ein Mindestalter von 12 bis 15 Monaten bis hin zu 2 Jahren gefordert (einige Ausbildungsstätten haben ein Mindestalter für die Abschlussprüfung). Auch die Anforderungen und Eignungstests variieren – erkundigen Sie sich daher rechtzeitig über potenzielle Ausbildungsstätten und deren Konditionen! Bis zum Erreichen des Mindestalters sollten Sie also den Grundbaustein für die Ausbildung gelegt haben! Das bedeutet für Sie, dass Sie mit dem Hund in den ersten Monaten viel üben und Zeit investieren müssen.

> *Je nach Ausbildungsstätte ist ein Mindestalter für den Ausbildungsbeginn zum Therapiebegleithund von 12, 15 oder 24 Monaten gefordert.*

Die Erziehung sollte außerdem von Anfang an bei Ihnen einsetzen. Die Sozialisierung – also der Prozess, in dem der Hund an seine Umwelt gewöhnt wird – findet ungefähr in den ersten vier Monaten statt. Gerade die ersten Wochen sind daher für den Hund schon sehr prägend und Sie müssen intensiv mit dem Hund arbeiten, ohne ihn dabei zu überfordern. In dieser Zeit sollten Sie Ihren Hund an sein Umfeld und seine Umwelt gewöhnen. Er sollte dabei verschiedene Menschen – von jung bis alt,

Männer und Frauen, aber auch Menschen mit Beeinträchtigungen – kennenlernen und sich langsam an sie gewöhnen. Auch verschiedene Reize von Gerüchen bis hin zu Geräuschen aller Art sollte er kennenlernen. Gewöhnen Sie Ihren Welpen an das Autofahren und das Fahren mit öffentlichen Verkehrsmitteln, aber auch an Geräte, die ihn im späteren Leben, besonders bei der Ausübung Ihres Berufs, begleiten werden – im Folgenden werde ich noch genauer auf diese Dinge eingehen. Wenn der Hund sich in dieser Phase an all dies gewöhnt, wird es ihm später nicht fremd vorkommen und ihn weder verängstigen noch stressen. Damit helfen Sie Ihrem Hund, gelassen und souverän zu sein und die spätere Arbeit gut zu meistern.

Des Weiteren werden Sie in dieser Zeit auch an der Bindung zu Ihrem Hund arbeiten müssen. Da Sie als Team arbeiten, ist eine gute Beziehung wichtig. Ihr Hund muss Ihnen vertrauen und Ihren Anweisungen folgen.

Außerdem ist wichtig, dass Sie Ihrem Hund in den ersten Monaten die Grundgehorsamkeit beibringen und viel mit ihm üben. Sie sollten dabei mit dem Hund die Basiskommandos wie Sitz, Platz, Steh, Bleib, Pfui, aber auch das lockere an der Leine gehen und ein paar Tricks üben. Unerwünschtes Verhalten wie das Beißen, Hochspringen und Bellen sollten Sie dem Hund durch regelmäßiges Üben abgewöhnen.

Im Folgenden wird dieses Buch Ihnen dabei die zu meisternden Aufgaben und Übungen vorstellen und Ihnen dadurch helfen, einen ruhigen, souveränen Hund zu erziehen, der zusammen mit Ihnen auf die Ausbildung zum Therapiebegleithund gut vorbereitet ist.

4

Die Sozialisierung des Welpen

DIE SOZIALISIERUNG DES WELPEN IST, neben der Arbeit an der Gehorsamkeit und dem Aufbau Ihrer Beziehung zu Ihrem Hund, eine der wichtigsten Aufgaben in den ersten Monaten und bildet den Grundbaustein für die spätere Zusammenarbeit.

Die Sozialisierung findet bei Hunden ungefähr in den ersten vier Monaten statt. Was genau ist jedoch damit gemeint? Kurzgefasst: ,Sozialisierung' bedeutet bei Hunden die Heranführung und Gewöhnung an die Umwelt des Welpen – das heißt an Menschen, Tiere und an das Umfeld, aber auch an verschiedene Reize wie Geräusche und Gerüche. Die Welpen sind während der Phase der Sozialisierung besonders leicht zu prägen und die Erfahrungen, die die Hunde hier sammeln, werden ihr späteres Wesen wesentlich mitgestalten. Daher ist es wichtig, wie Sie die ersten Lebenswochen des Hundes gestalten und was Sie ihm hier alles näherbringen. Ihr Welpe sollte dieser Zeit mit allen Lebewesen, Dingen und Reizen positive Erfahrungen machen. Das heißt auch, Ihr Hund sollte in dieser Zeit keine Ängste entwickeln oder anders negativ geprägt werden. Ganz im Gegenteil: Ihr Ziel ist es, ihm die Angst und Scheu zu nehmen, damit er später ruhig mit all diesen Dingen, aber auch mit unbekannten Situationen, die auf ihn zukommen werden, umgeht und dabei offen und gelassen ist.

Ihr Welpe sollte auf keinen Fall negativ geprägt werden.

Warum ist die Sozialisierung für Therapiehunde so wichtig?

Für Welpen, die später einmal als Therapiebegleithund eingesetzt werden sollen, ist die Sozialisierung von besonders großer Bedeutung. Grundsätzlich ist die Sozialisierung natürlich für jeden Welpen ein wichtiger Prozess – es ist selbstverständlich, dass möglichst alle Welpen ihre Umwelt gut kennenlernen sollten, um ein angst- und aggressionsfreies Wesen entwickeln zu können.

Jedoch wäre es bei einem Welpen, der später als Therapiebegleithund eingesetzt werden soll, wesentlich schlimmer, wenn er z. B. mit einer gewissen Gruppe von Menschen nicht gut umgehen kann. Ihr Welpe wird später einmal zwangsläufig mit vielen verschiedenen Menschen und Situationen konfrontiert werden und muss in der Lage sein, ruhig und gelassen damit umzugehen und in neuen oder unerwarteten Situationen keine Angst oder gar Aggression zu zeigen. Er muss mit fremden Menschen agieren können und darf sich nicht von unerwarteten oder lauten Geräuschen, neuen Gerüchen oder ähnlichem irritieren lassen. Dies würde den Einsatz des Hundes in der tiergestützten Therapie unweigerlich stark erschweren oder sogar verhindern. Eine gute Sozialisierung bildet daher einen sehr wichtigen Teil der Grundlage für Ihre spätere Arbeit mit Ihrem Hund, da ihn dies auf seine Aufgaben vorbereitet. Halten Sie sich also vor Augen, dass die ersten Lebensmonate Ihren Welpen stark prägen und dass Ihr Heranführen an die Welt für den Welpen nicht nur wichtig ist, sondern nachhaltige Konsequenzen hat. Sie können und sollten Ihren Hund schon in dieser Phase seines Lebens auf seinen späteren Einsatz in der Therapie vorbereiten.

Sie können und sollten Ihren Hund schon in dieser Phase seines Lebens auf seinen späteren Einsatz in der Therapie vorbereiten.

Grundsätzlich ist es bei der Sozialisierung immer wichtig ‚klein anzufangen‘, das heißt, sich langsam vorzuarbeiten, damit der Welpe nicht überfordert wird. Wer schon einmal einen Welpen hatte und ihn nach Hause gebracht hat, wird sich sicher noch an die ersten Wochen erinnern. Für den jungen Hund ist zunächst alles neu: Alles wird erst einmal beschnuppert, um es kennenzulernen. Der Welpe erkundet sein neues Heim und die Umgebung und alles scheint für ihn aufregend: vom Blumenuntersetzer über jede Pflanze im Wald, jedem Geräusch und jedem neuen Geruch bis hin zu neuen Menschen und anderen Tieren. Aber man wird sich auch daran erinnern, wie schnell der Welpe erschöpft war und sich ausruhen musste. Dies ist nicht überraschend und darf auch nicht unterschätzt werden: Auf den Welpen kommen in der ersten Zeit jede Menge neue Erfahrungen und unbekannte Situationen zu, die er meistern und verarbeiten muss. Daher sollte man sehr vorsichtig sein und den Hund nicht überanstrengen, da er sonst schnell überlastet werden kann. Achten Sie daher immer auf Ihren Welpen und seinen Zustand, damit Sie sichergehen können, dass Sie Ihrem Hund nicht zu viel zumuten.

Im Folgenden werde ich einige wichtige Dinge, die Ihr Hund während der Sozialisierung kennenlernen sollte, vorstellen.

Gewöhnung an Menschen

Zum einen ist natürlich die Gewöhnung an verschiedene Menschen wichtig und für den späteren Einsatz des Hundes unabkömmlich, da er dann mit den unterschiedlichsten Menschen zusammenarbeiten soll. Dabei trifft er auf Fremde in verschiedenen Altersgruppen mit unterschiedlichem Erscheinungsbild und mit diversen Beeinträchtigungen.

Ihr Welpe muss in dieser Phase Kontakt zu Männern und Frauen, alten und jungen Menschen, Jugendlichen wie Kindern, aber auch Menschen mit Beeinträchtigungen haben und sich an diese gewöhnen können. Kurzum: Ihr Hund sollte die gesamte Bandbreite an Menschen kennenlernen, die ihm später – besonders natürlich in Ihrem Beruf – begegnen werden.

Je nach Ihrem Umfeld – Familie, Freunde, Bekannte oder Nachbarn

- kann sich dies als leichter oder schwieriger herausstellen. Die Gestaltung der Gewöhnung an Menschen wird daher auch ganz individuell aussehen und erfordert möglicherweise etwas Kreativität Ihrerseits. Überlegen Sie sich, wen Sie aus Ihrem Umfeld mit ‚einspannen' können. Auch hier ist es wichtig, Ihren Welpen die neuen Menschen zunächst nur kurz kennenlernen zu lassen. Am Beispiel von Kindern, die viel Energie haben, rennen, toben und auch mal etwas lauter werden, ist es wohl am besten zu verdeutlichen, wieso. Ihrem Welpen reichen zunächst ein paar Minuten mit Kindern, damit er sich langsam an sie gewöhnen kann und es nicht zu einer Überforderung kommt. Arbeiten Sie sich also Schritt für Schritt vor und achten Sie auf das Tempo des Hundes bzw. darauf, dass er sich wohlfühlt und ihm die Situation nicht über den Kopf wächst.

Natürlich lässt sich nicht unbedingt jede der genannten Menschengruppen so einfach abdecken. Als Beispiel möchte ich hier wieder Kinder nehmen. Nicht jeder hat selber oder in seinem Bekanntenkreis kleine Kinder. Es ist aber dringend notwendig, dass Ihr Hund an diese herangeführt wird. Überlegen Sie sich, wie Sie dies trotzdem in Ihrer Umgebung erreichen könnten. Gibt es zum Beispiel einen Park in der Nähe, in dem sich Kinder öfter aufhalten? Nachbarn mit Kindern, die Sie auf der Straße antreffen könnten? Oder können Sie Ihren Hund in Ihrer Umgebung behutsam an Kinder heranführen, zum Beispiel indem Sie an Kindergärten oder Spielplätzen vorbeilaufen? So kann Ihr Hund sich an den

> *Ihrem Welpen reichen zunächst ein paar Minuten mit Kindern, damit er sich langsam an sie gewöhnen kann und es nicht zu einer Überforderung kommt.*

Lärm und den allgemeinen Trubel dort gewöhnen. Dies klingt zunächst vielleicht etwas sehr vorsichtig, aber sollte Ihr Welpe noch keine Kinder kennen – zum Beispiel durch die ersten Wochen beim Züchter oder Ihren eigenen Haushalt –, sind dies seine ersten Erfahrungen mit Kindern. Wenn Sie in letzter Zeit einmal selbst an einem Kindergarten oder Schulhof oder auch an einem gut besuchten Spielplatz vorbeigelaufen sind, wissen Sie sicher, wie laut es dort sein kann und wie chaotisch es zugehen kann. Für einen Welpen, der Kinder nicht kennt und daher die Geräusche und das Toben noch nicht einordnen kann, kann so etwas natürlich schnell abschreckend sein! Wie schon erwähnt ist es sehr wichtig zu vermeiden, dass Ihr Hund während der Sozialisierung schlechte Erfahrungen mit seiner Umwelt macht, da er sonst davon geprägt werden könnte! Daher reichen kurze Erfahrungen für den Anfang aus und auch zaghaft erscheinende erste Annäherungen sind eine gute Möglichkeit, Ihrem Welpen seine Umwelt näherzubringen. Erst im Anschluss sollten Sie die Aufeinandertreffen langsam verlängern und den Kontakt intensivieren.

Dieses Beispiel zeigt auch gut, wie Sie Ihrem Hund während der Sozialisierung seine Umwelt näherbringen können und dies mit ganz alltäglichen Orten und Situationen verknüpfen können! Ähnliche Situationen lassen sich sicher in Ihrem Umfeld auch für das Heranführen an ältere Menschen, Jugendliche oder Menschen mit Beeinträchtigungen finden. Ein Park in der Nähe eines Altenheims zum Beispiel bietet sich vielleicht an, damit Ihr Hund an ältere Menschen gewöhnt wird – auch wäre dies eine Chance, Ihren Hund an Rollstuhlfahrer oder Rollatoren heranzuführen – oder suchen Sie die Nähe eines Sportplatzes, wenn Ihr Welpe Jugendliche kennenlernen soll. Sie selbst kennen Ihre Umgebung am besten und können daher dort geeignete Orte und Möglichkeiten finden, die zur Sozialisierung des Welpen genutzt werden können!

Für den Anfang reichen wie gesagt kurze Begegnungen völlig aus. Aus eigener Erfahrung kann ich sagen, dass viele Menschen sehr kontaktfreudig sind und sich gerne auch mal beschnuppern lassen, wenn Sie ihnen auf einem Spaziergang mit einem Welpen begegnen. Viele wollen den Welpen auch gerne streicheln. So kann Ihr Hund also bei den ersten Spaziergängen kurze Begegnungen mit fremden Menschen verbuchen und sich an diese gewöhnen. Sollte diese Hürde erfolgreich gemeistert werden, kann der Kontakt zu Menschen langsam intensiviert werden. Nutzen Sie Ihre Kontakte und Ihr Umfeld und versuchen Sie sicherzustellen, dass Ihr Hund mit verschiedensten Menschen in Berührung kommt und somit später keine Scheu zeigt.

Je unterschiedlicher Sie die Situationen beziehungsweise die Kontexte gestalten, desto besser wird die Sozialisierung Ihres Hundes folglich auch klappen, da er das neu Kennengelernte nicht nur mit einer bestimmten Situation oder einem Ort verknüpft.

Ihr Hund muss besonders daran gewöhnt sein, dass er auch von Fremden angefasst wird – und das auch durchaus mal etwas grober. Dies ist nicht selbstverständlich und muss dem Welpen angewöhnt werden. Sie werden diese Art von Berührungen nicht verhindern können, besonders wenn Sie z. B. mit Kindern oder Menschen ohne Hundeerfahrung arbeiten. Stellen Sie also sicher, dass Ihr Hund an körperlichen Kontakt gewöhnt ist – sowohl natürlich von Ihnen, aber auch von Fremden.

Darüber hinaus ist es sinnvoll, die Situationen und deren Kontext zu variieren. Das heißt, gewöhnen Sie Ihren Hund nicht nur an je eine oder zwei Personen und führen Sie diese ‚Kennenlernsituationen' nicht nur an einem Ort durch, also nicht nur in Ihrem Zuhause – hier fühlen Hunde ja ohnehin eine gewisse Sicherheit, da die Umgebung so vertraut ist. Ihr Hund muss auch in unbekannter Umgebung fremden Menschen gegenüber offen sein und darf sich nicht von äußeren Reizen aus der Ruhe bringen lassen. Je unterschiedlicher Sie die Situationen beziehungsweise deren Kontexte gestalten, desto besser wird die Sozialisierung Ihres Hundes folglich auch klappen, da er das neu Kennengelernte nicht nur mit einer bestimmten Situation oder einem einzelnen Ort verknüpft.

Interaktion mit Fremden

Zunächst ist es für einen Hund in der tiergestützten Therapie unabkömmlich, dass er gut mit Menschen aller Art kann. Er sollte offen und kontaktfreudig sein und gerne mit Menschen interagieren.

Sie sollten Ihren Welpen in den ersten Wochen daher viele verschiedene Menschen kennenlernen lassen. Je mehr Sie dies tun, desto offener wird Ihr Hund anderen Menschen gegenüber. Suchen Sie bewusst Orte auf, an denen Sie vielen verschiedenen Menschen begegnen können. Hier kommen die Umgebung von Altenheimen, Schulen, Kindergärten, Wohnheimen für Menschen mit Behinderung und auch Spielplätze infrage.

Auch dass Ihr Hund von anderen Leckerlis sanft annimmt oder auf Kommandos hört, ist eine Sache der Übung. Dies sollten Sie daher mit dem Hund in den ersten Wochen trainieren. Er sollte nicht nur auf Sie hören und richtiges Verhalten bei Ihnen zeigen, sondern dies auch bei anderen

Menschen und Fremden können! Integrieren Sie daher Übungen dazu in Ihren Alltag mit dem Hund. Das heißt: üben Sie nicht nur zu zweit, sondern binden Sie auch einmal andere Menschen in die Übungen mit ein. Ihr Hund sollte also nicht nur den Umgang mit anderen Menschen gewohnt sein, sondern auch Kommandos von diesen empfangen und sie befolgen.

Gewöhnung an Tiere

Natürlich ist es auch wichtig, dass Sie Ihren Welpen an andere Tiere gewöhnen. Schließlich wollen Sie nicht, dass Ihr Hund jedes Mal anschlägt, wenn eine Katze in der Nähe ist, dass andere Hunde ihn nervös oder aggressiv machen oder dass die Gerüche von anderen Tieren sein Gemüt erregen. Einerseits erleichtert dies für Sie Spaziergänge und andere alltägliche Situationen, anderseits kann es auch im späteren Arbeitsleben mit dem Hund von Vorteil sein, da der ein oder andere Patient nach fremden Hunden, Katzen oder anderen Tieren riechen wird.

Spaziergänge in der Natur können Ihrem Hund selbstverständlich eine Vielzahl von Gerüchen näherbringen. Um andere Hunde kennenzulernen und Ihren Hund mit diesen interagieren zu lassen, sind Spaziergänge natürlich ebenfalls ideal. Viele Hundeschulen bieten auch Spielstunden für Welpen und Junghunde, und später auch ältere Hunde, an. Dabei versteht sich von selbst, dass hier Vorsicht geboten ist. Durch sein Muttertier und seine Geschwister sind andere Hunde zwar nichts Fremdes für den Welpen, allerdings müssen Sie auch hier darauf achten, dass Ihr Hund von den anderen Tieren nicht überfordert wird oder Ängste entwickelt. Auf Spaziergängen ist es besser, mit anderen Hundebesitzern durch kurzes Zurufen oder ähnliche Verständigung zu kommunizieren, bevor Sie mit Ihrem Welpen zu nahekommen oder Ihren Hund – wenn er etwas älter ist – mit anderen Hunden toben lassen. Sie können sich nicht darauf verlassen, dass andere Hunde gut sozialisiert sind, und Sie wissen nicht, was sie für ein Wesen haben oder ob sie nicht vielleicht selbst durch schlechte Erfahrungen, die sie wiederum mit anderen Hunden oder Menschen gemacht haben, aggressiv auf Ihren Welpen reagieren. Geschichten von Hunden, die von anderen Hunden bei Spaziergängen gebissen wurden, gibt es schließlich zur Genüge und diese Erfahrung sollten Sie für Ihren Hund unbedingt vermeiden.

Achtung bei anfänglichen Spaziergängen: Welpen haben zunächst nicht die Kondition für lange Spaziergänge. Drehen Sie also zu Beginn nur kurze Runden und sollte Ihr Welpe müde werden, tragen Sie ihn!

Gewöhnung an Reize

Ihr Hund wird im Alltag, aber besonders bei der Arbeit, einer Vielzahl von Reizen ausgesetzt sein. Auch an diese sollten Sie Ihren Hund schon früh gewöhnen. Damit sind z. B. laute oder unerwartete Geräusche oder plötzliche Bewegungen von Menschen oder Dingen gemeint – also alle Reize, die Ihren Hund stark ablenken oder aufregen könnten, wenn er nicht daran gewöhnt ist. Viel kann der Welpe davon schon im normalen Alltag erleben – die meisten von uns haben genug Geräte und ähnliches im Haus, die beim alltäglichen Gebrauch laute Geräusche machen oder den

Welpen optisch reizen könnten. Ein Aufschreien oder ein Aufspringen eines Patienten, herunterfallende Gegenstände – all diese Dinge, die öfter vorkommen können, sollten Ihren Hund nicht zu sehr erschrecken oder reizen. Ist Ihr Hund an lautere, plötzliche Geräusche gewöhnt, wird er mit solchen Dingen später sehr viel gelassener umgehen und nicht verschreckt oder aggressiv reagieren.

Versuchen Sie also, Ihren Welpen absichtlich an verschiedene Geräusche und visuelle Erfahrungen zu gewöhnen. Nicht nur im Haus, sondern auch draußen lassen sich dafür viele Dinge finden – belebtere Ecken und das ‚Straßenleben' bieten sich natürlich dafür an; allerdings sollten Sie dabei wieder bedenken, dass Sie Ihren Hund an solche Situationen erst langsam gewöhnen müssen und er Menschen und einen gewissen Geräuschpegel sowie verschiedene Gerüche bereits kennen sollte – also erst, wenn der Hund etwas älter und die Sozialisierung somit schon fortgeschritten ist. Und achten Sie auch darauf, dass die Reize ertragbar sind, das heißt, dass sie nicht schädlich für den Hund sind, wie z. B. zu laute Geräusche in unmittelbarer Nähe.

Gewöhnung an elektrische/technische Geräte

Mit elektrischen/technischen Geräten meine ich an dieser Stelle nicht unbedingt den Küchenmixer oder die laute Kaffeemaschine im Haushalt. Dies sind Dinge, die Ihr Hund durch Ihr Familienleben kennenlernen wird

Durch Ihren Beruf und die spätere Arbeit des Hundes kommt er mit einigen für Hunde eher ungewöhnlichen Geräten in Berührung, an die Sie Ihren Hund gewöhnen sollten, da er in seinem Arbeitsalltag zwangsläufig damit umgehen können muss.

(und auch sollte). Durch Ihren Beruf und die spätere Arbeit des Hundes kommt er mit einigen für andere Hunde eher ungewöhnlichen Geräten in Berührung. An diese sollten Sie Ihren Hund gewöhnen, da er in seinem Arbeitsalltag zwangsläufig damit umgehen können muss. Abhängig von Ihrer genauen Tätigkeit werden diese Dinge natürlich variieren.

Ich habe zuvor bereits erwähnt, dass Ihr Hund an Menschen mit Beeinträchtigungen und an ältere Leuten, die z. B. im Rollstuhl sitzen, herangeführt werden muss. Ihr Hund sollte an medizinische Geräte – ob elektrisch oder nicht –, die in Ihrem Arbeitsleben verwendet werden, gewöhnt sein und sich davon nicht irritieren lassen. Die Geräusche und die Bewegungen der Geräte oder der Menschen, die die Geräte benutzen sollten für Ihren Welpen nichts Außergewöhnliches und damit Gewöhnungsbedürftiges sein!

Die Schwierigkeit vermag darin zu liegen, wie dem Welpen diese Dinge nähergebracht werden können, wenn Sie durch Ihr Umfeld keinen direkten Zugriff darauf haben. Schauen Sie sich an Ihrem Arbeitsplatz um und überlegen Sie, was für Ihren Welpen fremd wirken könnte und ihm nähergebracht werden muss. Nehmen Sie Ihren Welpen mit auf die Arbeit, wenn es sich anbietet, und lassen Sie ihn an die noch fremden Geräte und Geräusche gewöhnen. Ihr Beruf sollte es Ihnen hoffentlich erleichtern, an so manche Geräte – wie beispielsweise Rollstühle – zu gelangen und den

Hund an diese heranzuführen. Sicherlich kennen Sie auch den einen oder anderen Menschen, der bereit ist und die Möglichkeiten hat, Ihnen in diesem Bereich bei der Sozialisierung Ihres Welpen zu helfen.

Gewöhnung an Mobilität

Für die meisten von Ihnen wird es für den Beruf, aber auch für das Privatleben unabkömmlich sein, dass Ihr Hund das Fahren im Auto oder in öffentlichen Verkehrsmitteln gewöhnt ist und die Situation ihn, und damit auch Sie, nicht stresst.

Fangen Sie auch hierbei wieder klein an. Wenn Sie Glück haben, kennt Ihr Hund durch den Züchter vielleicht schon eine Transportbox. Wenn nicht, müssen Sie ihn erst einmal an die Box selbst gewöhnen. Dabei hilft es natürlich, dem Hund zunächst etwas, das er kennt und mag – wie seine Hundedecke oder ein Spielzeug – in die Box zu legen, damit er diese dann langsam kennenlernen kann. Das gleiche gilt auch bei dem Kofferraum des Autos – lassen Sie dem Hund Zeit und geben Sie ihm die Möglichkeit, sich an den Platz zu gewöhnen und unterstützen Sie ihn mit einem Spielzeug oder mit einem Gegenstand zum Kuscheln, den er kennt. Leckerlis helfen auch, den Hund dazu zu bringen, das Innere der Box oder des Kofferraums zu erkunden.

Wählen Sie am Anfang auch nicht zu lange Strecken oder solche, die so beschaffen sind, dass sie Ihren Hund unnötig stressen oder beunruhigen können – z. B. weil sie besonders ruckelig oder kurvig sind.

Gewöhnen Sie Ihren Welpen anschließend nach und nach an das Autofahren, damit er auch lange Strecken gelassen auf sich nimmt.

Bei öffentlichen Verkehrsmitteln verhält es sich ganz ähnlich. Der Unterschied ist hier, dass die fremden Menschen und die damit verbundenen neuen Eindrücke und Reize den Hund noch mehr beeinflussen und stressen können. Auch hier sollten Sie wieder langsam beginnen und sich dann steigern. Wählen Sie also zunächst kurze Strecken und Linien, die weniger in Anspruch genommen werden – das heißt, meiden Sie zunächst definitiv den Berufsverkehr oder Strecken, die Kinder zu Schulzeiten viel nutzen oder die von Pendlern gefragt sind. Fahrten am Vormittag bieten sich daher sicherlich am besten an!

Zu vermeidende Verhaltensmuster

Wie bereits erklärt, ist die Prägung des Hundes in den ersten Monaten sehr intensiv, besonders während der Zeit der Sozialisierung. Das heißt aber auch, dass Ihr Hund in dieser Zeit nicht nur richtiges Verhalten lernen kann, sondern sich auch unerwünschte Verhaltensmuster leicht festigen können.

Diese Verhaltensmuster sollten daher in den ersten Monaten grundsätzlich aberzogen werden, damit sie sich nicht in den ersten Monaten bei Ihrem Hund verfestigen. Auch wenn die Welpen noch klein und süß sind und man verleitet ist, manches Verhalten zunächst noch zu tolerieren, sollten Sie ihnen falsches Verhalten nicht durchgehen lassen.

Dazu gehören Verhaltensmuster wie Anspringen, was gerade in der Arbeit mit Patienten unerwünscht ist. Ebenfalls dazu gehört Bellen – wobei Sie hier darauf achten sollten, warum Ihr Hund bellt; es gibt durchaus Bellen, das angebracht oder sogar wünschenswert ist, aber Ihr Hund sollte z. B. nicht wahllos andere Menschen anbellen. Beißen – dies kommt zunächst gerade im Spiel vor und muss schon hier unterbunden werden – ist ebenfalls nicht wünschenswert. Auch sollte Ihr Hund nicht betteln – in dem Moment, in dem Sie auf das Betteln anspringen, lassen Sie sich vom Hund die Kontrolle nehmen, was auf keinen Fall vorkommen darf. Auch Dinge wie Buddeln oder das Liegen auf dem Sofa oder Bett, falls Sie dies nicht möchten, sollten sich in dieser Zeit nicht beim Hund einprägen!

Setzt sich solches Verhalten in den ersten Monaten fest, wird es für Sie schwieriger, Ihrem Hund dieses später wieder abzugewöhnen.

Im Kapitel Grundgehorsam werde ich noch kurz darauf eingehen, wie Sie nach dem Prinzip der positiven Bestärkung ungewolltes Verhalten aberziehen.

Zusammenfassend eine Checkliste der Dinge, die Sie üben sollten:

- Gewöhnen Sie Ihren Welpen an Menschen! Hier ist wichtig, dass er eine Vielzahl von verschiedenen Menschen kennenlernt und sich an sie gewöhnt. Dazu zählen junge und alte Menschen - besonders auch Kinder - Männer sowie Frauen und Menschen mit Beeinträchtigungen.
- Ihr Welpe sollte in dieser Zeit andere Tiere kennenlernen und sich an diese gewöhnen.
- Stellen Sie sicher, dass Ihr Hund durch verschiedene Reize beansprucht wird. Ihr Hund muss laute und unerwartete Geräusche, plötzliche Bewegungen von Menschen sowie Geräten kennen und damit ruhig umgehen können.
- Gewöhnen Sie Ihren Hund an Geräte, besonders an die, mit denen Ihr Hund später einmal durch Ihren Beruf konfrontiert wird. Besonders Dinge wie Gehhilfen und medizinische Geräte sollten für den Hund nichts Ungewöhnliches sein.
- Gewöhnen Sie Ihren Hund an Auto-, Bus- und Bahnfahren.
- Überfordern Sie Ihren Welpen bei diesen Übungen nicht. Gewöhnen Sie Ihren Hund zuerst nur für einige Minuten an neue Situationen und Menschen und steigern Sie sich dann langsam. Geben Sie Ihrem Hund Zeit und Ruhe, und beenden Sie die Übungen, bevor Ihr Hund überfordert oder erschöpft wirkt.
- Denken Sie immer daran, dass für Ihren Welpen alles noch neu ist und er alles erst einmal verarbeiten muss! Sie müssen aufpassen, dass Ihr Welpe keine schlechten Erfahrungen macht oder überreizt wird, da er in der Sozialisierungsphase besonders geprägt wird und die Erfahrungen ihn maßgeblich beeinflussen werden.
- Überlegen Sie sich, wer und was Ihnen aus Ihrem Umfeld bei der Sozialisierung des Hundes helfen kann und, wenn nötig, werden Sie kreativ.

5

Regeln

FÜR DIE SPÄTERE Therapiebegleithundeausbildung ist es zwingend erforderlich, dass Ihr Hund gelassen ist und Sie ihn unter Kontrolle haben. Er sollte daher einige Verhaltensregeln kennen. Nur so können Sie darauf vertrauen, dass Sie einen ruhigen, souveränen Hund haben, auf den Sie sich verlassen können und den Sie auch in schwierigen Situationen kontrollieren können! Um dies zu erreichen, gibt es eine Reihe von Dingen, die Sie mit Ihrem Welpen in den ersten Monaten vor Beginn der Ausbildung – je nach Ausbilder kann das Mindestalter hier unterschiedlich sein – üben und erlernen können. Gleichzeitig sollten Sie auch an der Beziehung und an Ihrem eigenen Umgang mit dem Hund arbeiten. Durch das gemeinsame Üben und Erlernen verstärken Sie Ihre Beziehung und wachsen zu einem gut harmonierenden Team zusammen!

Im Folgenden gebe ich Ihnen einen Überblick über Verhaltensmuster, die Sie mit Ihrem Hund üben sollten.

Stabilität

Sie sollten sich in Ihrem Verhalten dem Hund gegenüber stabil zeigen.

Grundsätzlich ist es wichtig, dass Sie Ihrem Hund Stabilität bieten, wenn es um Kommandos, Erwartungen an den Hund und um Ihre Regeln geht. Dadurch kann Ihr Hund einschätzen, woran er bei Ihnen ist. Das heißt, Sie sollten Ihren Welpen von Anfang an an die Verhaltensregeln, die Sie für ihn festlegen, gewöhnen und diese auch nicht ändern und sich in Ihrem Verhalten dem Hund gegenüber stabil zeigen. Der Hund sollte nicht anfangs etwas dürfen, was er später nicht mehr darf. Setzen Sie ihm einmal eine Regel, sollten Sie von Ihrem Hund auch erwarten, dass er diese – wenn er sie erst einmal verstanden hat – immer befolgt. Außerdem ist es für Ihren Hund wichtig, dass die Kommandos, die Sie ihm geben, immer gleich sind. Das heißt, benutzen Sie nicht verschiedene verbale und nonverbale Signale für ein und dasselbe Kommando, sondern legen Sie sich fest.

Weiß Ihr Hund also, was er von Ihnen zu erwarten hat, funktioniert die Beziehung gleich besser und auch Sie können besser darauf vertrauen, dass Ihr Hund Ihnen gehorcht, da Ihre Erwartungen und Kommandos dem Hund bekannt sind.

Rangordnung

Hierzu ist es auch wichtig, dass Sie dem Hund eine ganz klare Rangordnung vorgeben. Sie sollten derjenige sein, der den Ton angibt und Entscheidungen trifft, und Ihr Hund sollte Ihnen folgen. Das heißt, der Hund bekommt Essen, wenn Sie es für die richtige Zeit halten und Sie bestimmen auch, wann gespielt wird. Das soll nicht heißen, dass Sie hier willkürlich entscheiden sollten – geregelte Essenszeiten sind z. B. wichtig. Aber lassen Sie sich nicht durch Betteln oder ähnliches Verhalten vom Hund bestimmen. Merkt Ihr Hund erst einmal, dass er Sie im Griff hat und nicht umgekehrt, wird er dies auch ausnutzen! Und außerdem: Eine klare Rangordnung schafft auch eine bessere Bindung und eine gefestigte Beziehung.

Abwechslung

Wie schon bei den Übungen zur Sozialisierung ist es auch hier notwendig, dass Sie Übungen zum Erlernen von Kommandos und Verhaltensweisen in verschiedenen Situationen durchführen, damit der Hund diese nicht mit einem bestimmten Ort oder Kontext verknüpft und Sie darauf vertrauen können, dass Ihr Hund in allen Situationen gehorsam ist und Ihre Kommandos befolgt. Der Hund muss in der Lage sein, Ihnen auch in schwierigen Situationen – zum Beispiel wenn Sie unter vielen Menschen sind, also mehr Stress auf dem Hund lastet – zu folgen.

Übungszeiten und Überforderung

Es ist immens wichtig, wie auch im Kapitel zur Sozialisierung schon betont, dass Sie Ihren Hund nicht überfordern. Sorgen Sie dafür, dass Ihr Welpe ausreichend Schlaf bekommt – 18 bis 19 Stunden am Tag. Auch ist es wichtig, dass Sie Ihren Hund ‚lesen‘ können, das heißt, dass Sie seine Überforderungssymptome gut kennen und wissen, wann bei Ihrem Hund Schluss ist – und dies natürlich auch respektieren. Sie müssen

Übungen sollten anfangs nur ein paar Minuten dauern.

Ihrem Hund anmerken, wenn eine Situation ihn überfordert – dies gilt während der Erziehung sowie später bei der Arbeit. Auf die Übungen zu Gehorsam und Regeln bezogen bedeutet das, dass Sie die Übung an dieser Stelle dann besser abbrechen. Wie schon vorher erwähnt, sollte das Training anfangs nur ein paar Minuten dauern. Wenn der Hund älter ist, können Sie dann längere Übungen durchführen. Sollte Ihr Hund schon vorher ermüdet oder unkonzentriert wirken, dann zwingen Sie ihn nicht dazu, weiter zu üben!

Es gibt eine Reihe von Hinweisen, die andeuten können, dass Ihr Welpe zu sehr belastet ist und die Übungen besser beendet werden sollen. Wirkt Ihr Welpe unkonzentriert oder erschöpft, wendet er sich ab, legt er sich hin oder schenkt er seine Aufmerksamkeit plötzlich anderen Dingen, kann dies darauf hinweisen – muss es aber natürlich nicht! –, dass Ihr Hund in der Situation überfordert oder gereizt ist. Je besser Sie Ihren Hund kennen, desto einfacher wird es für Sie sein, die Körpersprache des Hundes zu deuten und zu erkennen, wann es für Ihren Hund genug ist.

Daher ist es auch wichtig, dass Sie viel Zeit mit Ihrem Hund verbringen und ihn genau beobachten. Finden Sie heraus, wie ihr Hund sich verhält, wenn er nervös oder gestresst ist. Kennen Sie seine Signale und können Sie seine Körpersprache und sein Verhalten deuten, dann können Sie dem Hund besser gerecht werden.

Positive Bestärkung und Fehlverhalten

Bei der Hundeerziehung ist es grundsätzlich ratsam, dass Sie das Prinzip der positiven Bestärkung anwenden. Jedes richtige oder gewünschte Verhalten Ihres Hundes sollten Sie mit Lob oder Belohnungen verschiedener Art bestärken. Bekommt Ihr Hund positive Resonanz für sein Verhalten, wird er nach einiger Zeit eine Verknüpfung dazwischen erstellen. Somit lernt er, welches Verhalten erwünscht ist, und hat durch eine vielleicht anfallende Belohnung auch gleichzeitig den Ansporn, dieses Verhalten an den Tag zu legen. Wie Sie die positive Bestärkung umsetzen, ist Ihnen überlassen und kommt auch ganz auf die Vorlieben des Hundes an.

Einige Hundetrainer und -besitzer setzen dabei auf das Clicker Training. Hierbei wird richtiges Verhalten zunächst durch einen Click und ein Leckerli belohnt, nach einiger Zeit wird das Leckerli weniger eingesetzt. Der Hund lernt so, dass das Clickergeräusch bedeutet, dass er etwas gut oder richtig gemacht hat.

Besonders der Einsatz von Leckerlis ist anfangs sehr wichtig, aber auch andere Dinge, die Ihren Hund anspornen oder belohnen, können und sollten eingesetzt werden. Setzen Sie auf das, was für Ihren Hund eine Belohnung darstellt, da er es gerne mag. Sie sollten die Belohnung dem Welpen unmittelbar geben bzw. das Lob direkt aussprechen. Nur dann kann der Hund die Verknüpfung zwischen seinem Verhalten und der Belohnung herstellen.

Schwieriger wird es, wenn Ihr Hund Fehlverhalten an den Tag legt. Hier ist es wichtig, dass Sie sich vor Augen führen, dass Ihr Hund sich erst an Ihre Regeln und Kommandos gewöhnen muss. Anfängliches Fehlverhalten sollten Sie Ihrem Welpen also zunächst durchgehen lassen. Jegliche Art von Bestrafung wäre zu diesem Zeitpunkt unangebracht, da Ihr Hund nicht weiß, welches Verhalten Sie von ihm erwarten und welche Regeln Sie ihm setzen. Positive Bestärkung hingegen wird Ihrem Hund helfen, gewünschtes Verhalten zu erlernen und es schließlich auch zu befolgen.

> *Anfängliches Fehlverhalten sollten Sie Ihrem Welpen zunächst durchgehen lassen.*

Anders ist es natürlich, wenn Ihr Hund falsches Verhalten an den Tag legt, obwohl er bereits weiß, dass dies von Ihnen nicht gewünscht ist – zum Beispiel, wenn er auf die Couch springt, obwohl er dies nicht darf, oder auf Ihr Abrufkommando nicht hört, nachdem er dies bereits erlernt hat. Ein gutes Mittel ist hier, den Hund unbeachtet zu lassen. Ihr Hund möchte Ihnen schließlich gefallen und möchte auch Ihre Aufmerksamkeit und Ihr Lob bekommen – durch Ihre Abwendung wird er also merken, dass Ihnen sein Verhalten nicht gefällt. Auch können Sie den Hund bei falschen Verhaltensweisen wegschicken. Suchen Sie sich einen Platz zu Hause aus, wo Sie den Hund immer hinschicken können und wo er nicht auf Dinge wie Spielzeug zugreifen kann. Ganz ähnlich wie bei Kindern, die man z. B. bei einer Auszeit auf die Treppe schickt. Auch hier wird der Hund dann nach einiger Zeit die Verknüpfung erstellen, dass dieser Ort bedeutet, dass er etwas falsch gemacht hat.

> *Im Spiel lernt sich vieles leichter.*

Bei Bestrafung und Belohnung ist grundsätzlich immer wichtig, dass der Hund weiß, wofür er bestraft oder belohnt wird. Also ist es auch bei der Bestrafung wichtig, dass diese schnell erfolgt. Hat Ihr Hund sich zum Beispiel auf einem Spaziergang falsch verhalten, bringt es nichts, ihn erst zu Hause in die Ecke zu schicken, da Ihr Hund nicht wissen wird, wofür er in dem Moment bestraft wird – einem Kind könnten Sie dies erklären, einem Hund aber nicht. Und es ist folglich ganz logisch, dass ihn dies nur verwirren oder verunsichern würde. Die Bestrafung wäre damit nicht nur ohne Effekt, sondern könnte sogar einen negativen Einfluss auf Ihren Hund haben, da er sie falsch oder gar nicht deuten kann.

Möglichkeiten der positiven Bestärkung

Bei dem Prinzip der positiven Verstärkung gibt es verschiedene Arten der Belohnung, die Sie einsetzen können, sowie ein paar Dinge, auf die Sie achten sollten.

Zunächst ist es natürlich wichtig, dass Sie Belohnungen wählen, die Ihrem Hund gefallen – richten Sie sich also auch nach Ihrem Hund und seinen Vorlieben. Für Ihren Hund liefert die Möglichkeit, dass bei richtigem Verhalten eine Belohnung anfällt, schließlich eine Motivation.

Zunächst gibt es da natürlich das Lob an sich: Ihr Hund sollte wissen, wenn er etwas richtig gemacht hat. Ihr Lob, und damit Ihre Zustimmung und das Bestärken des Verhaltens Ihres Hundes, sind dabei sehr wichtig. Lassen Sie Ihren Welpen also stets wissen, dass er etwas gut gemacht hat.

Der zusätzliche Einsatz von Leckerlis als Belohnung bietet sich, wie bereits erwähnt, ebenfalls an. Hierbei ist allerdings wichtig, dass Ihr Hund nicht für jedes richtige Verhalten oder jedes befolgte Kommando ein Leckerli – oder eine andere Art der Belohnung (abgesehen vom Lob) – bekommt. Wenn jedes richtige Verhalten eine Belohnung mit sich bringt, könnte das Ihren Hund auf Dauer dazu konditionieren, dass er die Belohnung immer erwartet und nur für diese arbeitet. Im Umkehrschluss hieße das dann: Ohne Belohnung geht bei dem Hund gar nichts. Daher sollte zum einen nicht immer eine Belohnung wie ein Leckerli eingesetzt werden und zum anderen ist es günstig, wenn die Arten der Belohnung variieren. Dazu komme ich gleich noch. Außerdem muss bei Leckerlis bedacht werden, dass Sie Ihren Hund mit jedem Leckerli zusätzlich füttern! Sie sollten sich bei Ihrem Hund an die empfohlene Futtermenge – je nach Alter und Größe des Hundes – halten. Wenn Sie also zu viele Leckerlis dazu füttern, sollte sich dies auf die Menge seiner normalen Mahlzeiten auch dementsprechend auswirken. Dazu ein kleiner Tipp: Erkundigen Sie sich in Ihrem Tierhandel nach möglichen Leckerlis und achten Sie ruhig auch auf die Inhaltsstoffe – denn hier gibt es Unterschiede und nicht alle Leckerlis sind gleich gesund! Auch bei der Größe der Leckerlis können Sie darauf achten, dass Ihr Hund nicht zu viel bekommt.

Eine weitere Option sind Futter-Dummys. Ihr Hund erhält dabei ein Leckerli, gleichzeitig muss er sich dieses aber erst spielerisch erarbeiten. Damit fördern Sie Ihren Hund weiter und lassen ihn an der Aufgabe wachsen! Auch hier sollte natürlich auf die Futtermenge geachtet werden.

Zuneigung, also Streicheln oder gemeinsames Kuscheln, ist ebenfalls eine gute Option, Ihren Hund zu belohnen und gleichzeitig Ihre Beziehung zu intensivieren.

Außerdem ist das Spielen und Toben eine gute Art der Belohnung. Der Hund hat Spaß und dabei wird Ihre Beziehung zu Ihrem Hund gefestigt und Ihre Bindung gestärkt. Auch der Einsatz von Hundespielzeug kann eine gute zusätzliche Belohnung darstellen.

Natürlich hängt die Belohnung ganz von der Situation ab. Sie haben nicht immer Dummys oder Spielzeug zur Hand und nicht in jeder Situation haben Sie die Zeit, um zu spielen. Sollten Sie unterwegs sein, ist es daher ratsam immer Leckerlis dabei zu haben, um diese ab und zu einzusetzen.

Welche Belohnungen Sie also auch wählen, achten Sie darauf, dass Ihr Hund bei der Belohnung ein wenig Abwechslung bekommt und dass Sie Ihren Hund nicht auf das Erhalten einer Belohnung konditionieren.

Clicker und andere Optionen

Ein Clicker funktioniert wie ein Lob: Er gibt Ihrem Hund zu verstehen, dass er etwas richtig gemacht hat. Außerdem weiß Ihr Hund, ist er erst einmal auf das Clickergeräusch konditioniert, dass eine Belohnung ansteht. Der Clicker macht letztendlich nichts anderes, als dies für Ihren Hund zu signalisieren.

Ob Sie mit Ihrem Hund Clicker-Training machen wollen, ist ganz Ihnen überlassen. Grundsätzlich bringt das Clicker-Training keine großen Nachteile mit sich, allerdings sind andere Methoden – wie verbales Lob – nicht weniger effektiv. Nicht jeder mag die Arbeit mit dem Clicker und das dabei entstehende Geräusch.

Weitere Optionen sind der Einsatz von Lob, aber auch andere Geräusche, die Ihrem Hund als Signal für richtiges Verhalten dienen, können eingesetzt werden. Manche benutzen Pfeifen oder ähnliche Hilfsmittel oder kurze Ausrufe, wie z. B. "ja" oder "gut". Wichtig ist beim Clicker-Training, dass Sie mit dem Clicker richtig umgehen – der Clicker ersetzt nicht, wie manche fälschlich annehmen, das Kommando!

Ein kleiner Nachteil des Clicker-Trainings – sowie auch von anderen "Hilfsmitteln" – ist, dass Sie den Clicker dabeihaben müssen – was wohl nur ein kleines Problem darstellen dürfte – und dafür eine Hand freihaben sollten. Letzteres mag für Sie nicht immer praktikabel sein! Gerade da Ihr Hund später bei Ihrer Arbeit eingesetzt wird, sollten Sie dies vorher bedenken. Überlegen Sie auch, ob sich das Geräusch eines Clickers störend auswirken könnte. Wenn dies aber für Sie keinen Nachteil darstellt, steht dem Einsatz eines Clickers – wie auch jedes anderen akustischen Signals – nichts im Wege! Entscheiden Sie, was für Sie das Richtige ist, schauen Sie, worauf Ihr Hund anspringt, und was für Sie im Alltag am einfachsten und praktischsten einzusetzen ist.

Spielerische Gestaltung

Gestalten Sie Ihre Übungen immer spielerisch! Das Beste daran: im Spiel lernt sich vieles leichter, auch bei Hunden! Haben Sie bei der Arbeit zusammen Spaß, wird Ihr Hund besser lernen und auch Ihre Beziehung wird dadurch natürlich intensiviert.

Stellen Sie also sicher, dass Sie und Ihr Hund bei den Übungen Spaß haben und Sie dem Hund diese durch Spiele näherbringen! Das gilt nicht nur für Übungen zur Gehorsamkeit, sondern auch für Spiele, die der Konzentration Ihres Hundes, der Bindung zwischen Ihnen und Ihrem Hund, der Ausdauer sowie dem Wechsel zwischen aktiven und ruhigen Phasen dienen. Wie Sie diese Spiele gestalten – zum Beispiel mit dem Einsatz von Spielzeug wie Bällen, Tauen etc. oder auch Futter-Dummys, die für die Konzentration hilfreich seien können –, ist dabei ganz individuell. Sowohl Sie als auch Ihr Hund sollten dabei an den Spielen Gefallen finden – probieren Sie also aus, was Ihrem Hund und Ihnen zusagt. Hat Ihr Hund an einem Spielzeug kein Interesse, dann benutzten Sie es lieber nicht und schauen Sie sich nach einer besseren Möglichkeit um. Je mehr Spaß Sie beide an den Übungen und Spielen haben, desto besser wird folglich auch Ihre Beziehung davon profitieren!

Bindung

Eine gute Beziehung zwischen Ihnen und Ihrem Hund ist unerlässlich für einen erfolgreichen Arbeitseinsatz. Sie sollten daher nicht nur an der Gehorsamkeit arbeiten, sondern auch an Ihrer Beziehung zueinander. Gerade für den Einsatz des Hundes in der Therapie ist es wichtig, dass Sie und Ihr Hund gut aufeinander abgestimmt sind, dass Sie harmonieren und sich vertrauen – Sie und Ihr Hund sind ein Team und müssen dementsprechend als Team funktionieren.

Unabdingbar ist es daher, dass Sie eine tragfähige Bindung mit Ihrem Hund aufbauen.

Körperlicher Kontakt zwischen Ihnen und Ihrem Hund ist dabei zunächst sehr wichtig. Aber auch Spiele können zur Bindung maßgeblich beitragen. Haben Sie also Spaß mit dem Hund und beschäftigen Sie sich mit ihm – nicht jedem Spiel muss oder sollte eine erzieherische Maßnahme zugrunde liegen. Nehmen Sie sich ausreichend Zeit für Ihren Hund, gehen Sie mit ihm spazieren, machen Sie Ballspiele, toben Sie. All dies kann die Beziehung zu Ihrem Hund stärken und Ihre Bindung intensivieren.

Auch Vertrauen ist ein wesentlicher Teil dieser Bindung. Daher ist es wichtig, dass Sie dem Hund konstante Regeln setzen und er weiß, was er von Ihnen zu erwarten hat. Ihre Ansprüche an den Hund sollten nicht variieren.

Zusätzlich sollten Sie negative Erfahrungen vermeiden. Dies kann, wie schon angesprochen, die (falsche) Bestrafung von Fehlverhalten sein, aber auch zu hohe Erwartungen, die zur Überforderung führen.

Zusammenfassend eine Liste der Verhaltensregeln, die Ihr Welpe in den ersten Monaten lernen sollte:

- Stellen Sie klare Regeln auf und ändern Sie diese auch nicht. Ihr Hund sollte wissen, was Sie von ihm erwarten.

- Legen Sie die Rangordnung fest. Lassen Sie sich nicht vom Hund die Kontrolle abnehmen.

- Führen Sie die Übungen zunächst nicht zu lange durch. Ein paar Minuten reichen anfangs und Sie können sich dann im Laufe der Zeit steigern.

- Arbeiten Sie mit dem Prinzip der positiven Bestärkung. Richtiges Verhalten wird belohnt und gelobt. Falsches Verhalten sollte ignoriert werden oder dem Hund wird die Aufmerksamkeit entzogen. Auch Auszeiten sind möglich.

- Binden Sie die Übungen in Spiele ein. Hunde lernen gut im Spiel.

- Arbeiten Sie intensiv an Ihrer Beziehung zu dem Hund. Sie müssen gut miteinander harmonieren und sich vertrauen. Dazu werden Sie Zeit brauchen und sich viel mit Ihrem Hund beschäftigen müssen.

6

Grundgehorsam

AN DIESER STELLE möchte ich Ihnen die gängigsten Kommandos sowie einige Verhaltensregeln, die Ihr Hund beherrschen sollte, vorstellen. Diese sollten Sie mit Ihrem Hund in den ersten Monaten bis zum Beginn der Ausbildung zum Therapiebegleithund üben und durch regelmäßiges Training verfestigen.

Zunächst stelle ich Ihnen dafür ein paar allgemeine Tipps vor, die bei der Umsetzung der Übungen helfen werden.

Wie schon erwähnt, setzt die Erziehung direkt ein. Allerdings ist es bei dem jungen Welpen auch wichtig, nicht zu viele Dinge auf einmal zu üben, da ihn das Training sonst schnell überfordern kann. Auch ist es grundsätzlich ratsam, einige der Kommandos nacheinander zu erlernen – z. B. macht es Sinn, Ihrem Hund erst ‚Sitz‘ beizubringen, bevor Sie ihm ‚Platz‘ beibringen. Seien Sie daher geduldig mit Ihrem Hund und erwarten Sie nicht zu viel von ihm. Bei dem Erlernen von neuen Kommandos und

> *Das Tempo des Erlernens ist ganz individuell und daher müssen Sie auch Ihr Erziehungsprogramm individuell erstellen und dem Lerntempo Ihres Hundes anpassen.*

Regeln klappt nicht immer alles direkt – lassen Sie Ihrem Welpen die Zeit, die er braucht. Daher ist es auch nicht ratsam, dass Sie sich ein straffes Programm vorgeben, das Sie Schritt für Schritt befolgen. Das Tempo des Erlernens ist ganz individuell und daher müssen Sie auch Ihr Erziehungsprogramm individuell erstellen und dem Lerntempo Ihres Hundes anpassen. Manche Hunde werden Kommandos schneller erlernen, andere werden mehr Zeit beanspruchen.

Ihr Hund versteht außerdem Ihre Sprache (zunächst gar) nicht. Kommandos wie Platz und Sitz sind also anfangs für den Hund bedeutungslos. Daher ist es grundsätzlich ratsam, für Kommandos Sprache und Handsignale zu verknüpfen. Auch hat dies den Vorteil, dass Sie Ihrem Hund später nonverbale Befehle geben können, während Sie mit Patienten zusammenarbeiten!

Die Kommandos, die Ihnen im Folgenden vorgestellt werden und mit dem Welpen geübt werden sollten, sind: Sitz, Platz, Bleib, Steh, das Abrufkommando, Pfui, sowie Verhaltensregeln zum Bellen, Beißen und Springen und das Erlernen, alleine zu sein und sich anfassen zu lassen.

Allein sein

Ihr Hund muss es gelernt haben, dass er nicht immer in der Gegenwart eines – beziehungsweise seines – Menschen ist und dessen volle Aufmerksamkeit genießt. Sie sollten daher schon früh üben und Ihren Hund daran gewöhnen, dass er alleine ist und mit der Situation nicht überfordert ist.

Auch hier heißt es: Gehen Sie es langsam an und lassen Sie Ihren Hund nicht direkt zu lange alleine – zunächst vielleicht nur für eine paar Momente und dann langsam immer länger. Das Alleinsein sollte nicht dazu führen, dass Ihr Hund bellt oder unruhig wird, sondern er sollte gelassen bleiben, bis Sie wieder zurückkehren.

Und noch ein Tipp: Üben Sie dies aber nicht nur im Haus, sondern auch im Auto. Allerdings nur, wenn die Außentemperaturen es zulassen. Sie sollten Ihren Hund bei Temperaturen ab 20 Grad nie alleine im Auto lassen, auch nicht nur für eine Minute. Das Auto heizt sich zu schnell auf und kann zu einer tödlichen Hitzefalle werden.

Wie auch schon bei den Übungen, die zur Sozialisierung beitragen, ist dies eine Frage der Gewöhnung. Fangen Sie also früh damit an und üben Sie regelmäßig, damit Ihr Hund das Alleinsein kennenlernt und es ihn nicht beunruhigt.

Sich anfassen lassen

Ihr Hund muss es gewöhnt sein, sich anfassen zu lassen – von Ihnen sowie von Fremden. Gerade in der Arbeit als Therapiebegleithund wird dies einmal unabkömmlich sein. Dabei ist wichtig, dass er dies gelassen hinnimmt und nicht aggressiv oder verängstigt reagiert. Dieses Anfassen kann auch unsanft ausfallen. Ihr Hund wird nicht immer nur sanft von Patienten angefasst werden und Sie werden dies auch nicht verhindern können!

> *Stellen Sie sicher, dass Ihr Hund auch an plötzliche und etwas schroffere Berührungen gewöhnt ist und diese ihm nichts ausmachen.*

Gewöhnen Sie Ihren Welpen daher früh an den Körperkontakt, nicht nur mit Ihnen, sondern auch mit anderen, ihm fremden Menschen. Stellen Sie auch sicher, dass Ihr Hund an plötzliche und etwas schroffere Berührungen gewöhnt ist und diese ihm nichts ausmachen.

Abrufkommando

Ihr Hund sollte in der Lage sein, auf den Ruf seines Namens zu hören und

– auch mit dem Befehlskommando ‚Komm‘ – zu Ihnen kommen.

Das ‚Problem‘, das beim Erlernen von Kommandos zunächst besteht, ist natürlich, dass Ihr Hund Ihre Kommandos nicht versteht und auch seinen Namen nicht kennt. Daher ist das Erlernen mancher Dinge zunächst eine Art Zufallsprodukt, das Sie ausnutzen müssen. Damit meine ich Folgendes: Da Ihr Hund Kommandos wie ‚Komm‘ nicht kennt und Sie ihm diese auch nicht verbal erklären können, müssen Sie abwarten, dass Ihr Hund von sich aus das gewünschte Verhalten an den Tag legt und dies dann durch den Einsatz von Lob und Belohnung konditionieren und mit dem entsprechenden Kommando verknüpfen.

Im Falle des Abrufens beziehungsweise der Tatsache, dass Ihr Hund zunächst auf den Ruf seines Namens hört und Ihnen seine Aufmerksamkeit gibt, erfolgt das auf diese Weise: Rufen Sie Ihren Hund und loben Sie ihn direkt und belohnen Sie ihn, wenn er Sie anschaut. Führen Sie diese Übung durch, bis Ihr Hund die Verknüpfung herstellt, dass der Ruf seines Namens bedeutet, dass er Ihnen Aufmerksamkeit schenken soll und positiv für das Befolgen bestärkt wird.

Auch das Kommando ‚Komm‘ (oder ‚Komm her!‘) wird ganz ähnlich antrainiert. Dies kann bei einem Spaziergang an der Leine passieren – ganz logisch: das freie Laufen ohne Leine sollte erst passieren, wenn Ihr Hund schon auf Sie hört und gelassen mit Ihnen spazieren geht. Wenn Ihr Hund auf Sie zukommt, geben Sie Ihrem Hund das verbale Kommando und auch ein nonverbales – dies kann zum Beispiel das Deuten mit dem Zeigefinger auf den Boden an Ihrer Seite sein. Ist Ihr Hund bei Ihnen, bestärken Sie ihn durch Lob und ab und zu auch mit einem Leckerli.

Wie lange Ihr Hund braucht, um zuverlässig auf das Kommando zu hören, hängt ganz von Ihrem Hund ab und auch von der Zeit, die Sie in sein Training investieren. Erhöhen Sie nach einiger Zeit den Schwierigkeitsgrad der Übung: Ihr Hund muss auch abzurufen sein, wenn er gerade abgelenkt oder an anderen Dingen interessiert ist. Sie müssen sich drauf verlassen können, dass Ihr Hund immer auf Sie hört und auf Befehl zu Ihnen kommt.

Üben Sie dies also regelmäßig und in verschiedensten, langsam schwieriger werdenden Situationen! Auch sollten Sie das Signal separat – also ohne Ausspruch des Kommandos – üben, damit Ihr Hund auf dieses alleine hört!

Wie lange Ihr Hund braucht, um zuverlässig auf das Kommando zu hören, hängt ganz von Ihrem Hund ab und auch von der Zeit, die Sie in sein Training investieren.

Sitz

Auch das Kommando ,Sitz' wird zunächst durch einen ,Zufall' eingeführt.

Um dem Welpen also das Kommando ,Sitz' beizubringen, stellen Sie sich vor Ihren Welpen und sprechen Sie das Kommando aus, sobald er Anzeichen macht, sich hinzusetzen. Fügen Sie dem Ganzen auch wieder ein Handsignal zu – bei ,Sitz' wird in der Regel dafür ein erhobener, leicht schräg vor den Hund gehaltener Zeigefinger benutzt. Sollte Ihr Hund sich nun tatsächlich komplett hinsetzen, bestärken Sie dieses richtige Verhalten durch Lob und eine Belohnung.

Üben Sie dies nun, bis der Hund das Kommando – sowohl das verbale als auch das nonverbale – beherrscht. Zunächst werden Sie auf diese Zufallsmomente warten müssen, nach einiger Zeit wird Ihr Hund aber das Kommando verstehen und beherrschen.

Platz

Damit Ihr Hund lernt, sich auf Kommando hinzulegen – ,Platz' – ist es von Vorteil, wenn er das Kommando ,Sitz' bereits beherrscht. Wenn Ihr Hund dann sitzt, ist der nächste Schritt, dass Ihr Hund sich hinlegt. Sollte Ihr Hund sich hinlegen, verbinden Sie seine Bewegung mit dem Kommando ,Platz' und geben Sie ihm die Belohnung wie z. B. ein Leckerli und loben

Sie ihn. Als Handsignal kann hier die ausgestreckte Hand, die Sie zu Boden führen, dienen! Sollte dies nicht gut klappen, kann der Einsatz eines Leckerlis, das Sie zwischen seine Vorderpfoten führen, den Hund dazu motivieren, sich dem Boden zu nähern.

Auch diese Übung sollten Sie wiederholt mit dem Hund üben, bis sie problemlos sitzt! Wenn Sie zunächst Leckerlis einsetzen, achten Sie darauf, dass Sie diese nicht immer nutzen und den Welpen daran gewöhnen, sondern dass der Hund Ihrem Kommando auch ohne Belohnung folgt.

Steh

Ihr Hund muss auf Ihr Kommando hin aus der sitzenden oder liegenden Position aufstehen und stehen bleiben können.

Warten Sie ab, bis Ihr Hund aus einer der beiden Positionen heraus aufsteht und verbinden Sie diese zufällige Bewegung mit dem Kommando ‚Steh' und einem Handsignal, zum Beispiel dem Hochführen Ihrer Hand. Steht der Hund, sollten Sie ihn wieder belohnen und loben. Mit einem Leckerli in der Hand können Sie auch diese Übung wieder ein bisschen vorantreiben, wenn Ihr Hund nicht von sich aus aufsteht.

Bleib

Das Kommando ‚Bleib' ist für Sie und Ihren Hund von großer Wichtigkeit. Sie müssen darauf vertrauen können, dass Ihr Hund in einer Position verharrt und Sie sich von ihm wegbewegen können.

Dazu sollte Ihr Hund natürlich erst einmal die Kommandos ‚Sitz' und ‚Platz' beherrschen. Für den Hund ist es natürlich, Ihnen zu folgen und das erwarten Sie von ihm bei einem Spaziergang ja auch. Daher ist es allzu verständlich, dass das Erlernen dieses Kommandos eine gewisse Zeit braucht, beziehungsweise dass Sie sich hier wieder langsam vorarbeiten müssen. Geben Sie Ihrem Hund das Kommando Sitz oder Platz. Entfernen Sie sich dann ein wenig von Ihrem Hund und benutzen Sie das Kommando ‚Bleib', wenn Ihr Hund liegen oder sitzen bleiben sollte. Als nonverbales Signal bietet sich hier die ausgestreckte Handfläche – also die gängige Geste für ‚Stopp' – an. Sollte Ihr Hund liegen bleiben, bestärken Sie dieses Verhalten mit Lob und einer Belohnung. Am besten laufen Sie dafür zu Ihrem Hund zurück und teilen dann Lob und/oder Belohnung aus, damit die Verknüpfung mit dem momentanen Verhalten – das Verharren am Platz – erstellt wird.

Wenn Ihr Hund dieses Kommando beherrscht, üben Sie mit ihm und verlängern Sie die Distanz und die Dauer, über die Ihr Hund liegen bleibt, Stück für Stück.

Pfui

Das Kommando ‚Pfui' – oder auch ‚lass es' oder ‚Aus' – ist für Ihren Hund und die Arbeit in der tiergestützten Therapie sehr wichtig. Sie müssen sich darauf verlassen können, dass Ihr Hund auf Kommando hin keine Dinge vom Boden isst, die für ihn schädlich seinen könnten, beziehungsweise dass er sie wieder fallen lässt, wenn Sie das von ihm verlangen. Besonders bei der Arbeit im medizinischen Bereich ist dies wichtig, da Ihr Hund hier auf Dinge wie Tabletten stoßen kann. Aber auch auf Spaziergängen oder bei Ihnen zu Hause können für den Hund schädliche Dinge auf dem Boden liegen, die er nicht fressen darf. Er sollte daher dieses Kommando unbedingt kennen und beherrschen!

Besonders bei der Arbeit im medizinischen Bereich ist es wichtig, dass Ihr Hund nichts vom Boden isst, da er auch mal auf Dinge wie Tabletten stoßen kann.

Üben Sie auch dieses Kommando mit Ihrem Hund gut, indem Sie ihn durch ein Kommando wie ‚Pfui' davon abhalten, etwas vom Boden zu essen – z. B. ein Leckerli – und ihn bei richtigem Verhalten wieder positiv bestärken.

Futter nehmen

Ihr Hund sollte vorsichtig Futter aus Ihrer Hand und der Hand von Fremden nehmen und nicht danach schnappen. Dies bereits in den ersten Monaten zu üben, ist sinnvoll.

Wenn Sie dem Hund ein Leckerli geben, sollte er dabei ruhig bleiben und es nicht aus Ihrer Hand schnappen. Tut er dies doch, dann belohnen Sie ihn bei dieser Übung nicht mit dem Leckerli und ignorieren Sie sein Fehlverhalten. Grundsätzlich ist es bei der Hundeerziehung und dem Umgang mit Hunden immer wichtig, dass Sie selber ruhig und gelassen wirken. Werden Sie verärgert oder irritiert, merkt der Hund dies auch. Gerade für diese Übung ist es natürlich wichtig, dass Ihr Hund ruhig bleibt. Erst wenn er dies schafft und vorsichtig das Leckerli annimmt, sollte er es auch bekommen und gelobt werden. Sie können dabei dann ein Kommando wie ‚Nimm' einfügen.

Sie können das Leckerli auch erst in der geschlossenen Hand behalten und den Hund daran schnüffeln lassen. Erst wenn er sich ruhig verhält und nicht versucht, dass Leckerli aus Ihrer Hand zu bekommen, können Sie es ihm geben.

Locker an der Leine gehen

Das lockere Gehen an der Leine, das heißt nicht an der Leine zu ziehen, sollte Ihr Hund auch beherrschen. Für Ihren Welpen ist dies natürlich erst einmal ungewohnt und schränkt ihn ein.

Auch hier ist es daher wichtig, dass Sie Ihren Hund langsam daran gewöhnen. Sie werden dazu viele verschiedene Übungen finden, die Sie durchführen können. Grundsätzlich ist es aber eine gute Idee, mit Welpen ruhig auch im Haus oder Garten zu üben, locker an der Leine zu gehen und dort daran zu gewöhnen. Draußen bei den ersten Spaziergängen prasseln sowieso schon viele neue Gerüche und Eindrücke auf Ihren Hund ein. Gewöhnen Sie den Welpen daher schnell an das Gefühl, an einer Leine zu sein. Viel Lob und Belohnungen für den Hund helfen dabei.

Danach können Sie anfangen, mit dem Hund locker an der Leine zu laufen. Beginnt er zu ziehen und sich für andere Dinge zu interessieren, halten Sie an. Dann können Sie mit dem Hund ein paar Schritte zurückgehen oder einen Bogen zurückschlagen und durch ein Kommando – ein prägnanter, kurzer Satz wie "wir gehen zurück" kann hierfür genutzt werden – die Aufmerksamkeit Ihres Hundes zurückverlangen. Das Zurückgehen zeigt dem Hund: Wenn ich ziehe, komme ich nicht voran, sondern es wird umgedreht und von vorne angefangen. Richtiges, gelassenes Gehen an der Leine hingegen wird durch Leckerlis oder Lob belohnt und außerdem wird der Spaziergang wie gewünscht fortgesetzt.

Wie schon erwähnt, fangen Sie auch hier klein an und erwarten Sie nicht zu viel. Ihr Hund wird nicht von Beginn an lange und problemlos an Ihrer Seite laufen. Sie werden ihn erst daran gewöhnen müssen und die

Strecke langsam verlängern. Das ist bei einem Welpen aber auch gar nicht zu schlimm: Anfangs sollten diese ohnehin keine langen Spaziergänge gehen, da diese sie schnell überfordern und ermüden. Denken Sie daran: Zeigt Ihr Welpe beim Spazierengehen Ermüdungserscheinungen, schonen Sie Ihren Hund und tragen Sie ihn zurück nach Hause oder zum Auto.

Tricks

Für die spätere Arbeit als Therapiebegleithund kann es auch ganz nützlich sein, wenn Ihr Hund ein paar Tricks beherrscht. Zum Beispiel das Pfötchengeben oder das Apportieren.

Dies ist nicht zwingend notwendig und auch für den Beginn der Ausbildung nicht gefordert. Wenn Sie aber der Meinung sind, dass solche Tricks vielleicht für Sie und Ihre Arbeit von Vorteil wären – zum Beispiel um das Eis bei dem ersten Treffen von Hund und Patient zu brechen und um eine lockere Atmosphäre zu schaffen –, können Sie dem Hund in den ersten Monaten auch solche Dinge gut beibringen.

Die Grundkommandos und Gehorsamkeit haben aber natürlich Priorität. Sie haben nichts davon, wenn Sie Ihren Hund nicht abrufen können, er sich aber dafür auf Kommando im Kreis drehen kann. Trotzdem können ein, zwei kleine Tricks nicht schaden.

Auch dies beruht wieder auf dem Prinzip des anfänglichen Zufalls. Für das Pfötchengeben sollte Ihr Hund zunächst sitzen. Halten Sie ihm dann Ihre Hand hin und, wenn er Ihnen von sich aus seine Pfote gibt, sagen Sie das Kommando ‚Gib Pfötchen' – oder ähnliches – und loben und belohnen Sie ihn.

Das Apportieren können Sie gut im Spiel mit dem Ball oder Dummy üben. Wenn Sie diese Gegenstände werfen, wird Ihr Hund von sich aus hinterherrennen und sie holen. Verknüpfen Sie dies mit einem Kommando – ‚Hol x' – und auch wieder mit einem nonverbalen Signal, wie dem Zeigen mit dem Finger.

Wechsel von aktiven Phasen in die Ruhephase

Für die Arbeit der Hunde in der Therapie ist es auch wichtig, dass der Hund schnell von aktiven Phasen in ruhige Phasen wechseln kann. Auch dieses sollten Sie daher mit Ihrem Hund viel üben, damit er den Wechsel gewöhnt ist und nicht lange braucht, um runterzukommen.

Für die Arbeit der Hunde in der Therapie ist es wichtig, dass der Hund schnell von aktiven Phasen in ruhige Phasen wechseln kann.

Das heißt: Üben Sie dies im Spiel und gewöhnen Sie ihn daran, dass das Spiel auch ein jähes Ende finden kann und er sich danach beruhigt. Ein Ruheplatz beziehungsweise ein Rückzugsort für den Hund, den er später auch auf der Arbeit haben sollte, ist dabei sehr wichtig. Hier hat der Hund die Möglichkeit, sich auszuruhen oder sich mit einem Kauknochen oder einem Spielzeug zurückzuziehen.

Abgewöhnen von unerwünschtem Verhalten

Bei der Erziehung des Hundes ist es nicht nur wichtig, ihm neue Kommandos und Gehorsam beizubringen, sondern auch unerwünschtes Verhalten zu verhindern oder abzugewöhnen. Dazu gehören Bellen, Beißen und Hochspringen. Hierbei gibt es ein paar Dinge, die Sie beachten sollten. Zum einen sind manche dieser Verhaltensmuster für Hunde ganz normal und daher an sich erst einmal kein Fehlverhalten, da es in der Natur des Hundes liegt, diese Dinge zu tun. Folglich muss der Welpe erst noch lernen, dass dies unerwünschtes oder falsches Verhalten ist. Zum anderen ist das Bellen zum Beispiel nicht immer unerwünscht – in manchen Situationen schlägt ein Hund aus gutem Grund an und Sie sollten daher darauf achten, warum der Hund bellt und ob dies in dem Moment erwünschtes oder unerwünschtes Bellen ist, und dementsprechend darauf reagieren.

Zum Abgewöhnen folgen Sie wieder dem bekannten Prinzip der positiven Bestärkung. Verhält Ihr Hund sich richtig, begrüßt er Sie zum Beispiel also freudig aber ruhig, ohne an Ihnen hochzuspringen, dann loben Sie dieses Verhalten und belohnen Sie es zu Anfang auch. Verhält Ihr Hund sich falsch, ignorieren Sie dieses Verhalten und wenden Sie sich von ihm ab, nehmen ihm also Ihre Aufmerksamkeit. In anderen Situationen, zum Beispiel beim Kuscheln oder Spielen, können Sie die

Aktivität auch ganz abbrechen, um Ihrem Hund zu zeigen, dass sein Verhalten nicht angemessen ist.

Beim Beißen sollten Sie bei Welpen beachten, dass dies ganz normales Verhalten sein kann, wenn der Zahnwechsel stattfindet – ganz ähnlich, wie es auch bei Kindern ist. Daher sollten Sie für den Hund Kauspielzeug bereithalten.

Zusammenfassend eine Liste der Dinge, die Sie Ihrem Welpen in den ersten Monaten beibringen sollten:

o Grundgehorsam – Ihr Hund sollte die folgenden Dinge beherrschen: alleine sein, sich (auch unsanft und von Fremden) anfassen lassen, Abrufen, Sitz, Platz, Steh, Bleib, Futter nehmen, Pfui, lockeres Gehen an der Leine.

o Unerwünschte Verhaltensmuster, wie das Beißen, Hochspringen oder Bellen, sollten dem Hund abgewöhnt werden.

7

Gefahren

ZUNÄCHST IST ES FÜR die Arbeit wichtig, dass Ihr Hund auf Ihr Kommando hin etwas nicht isst oder es fallen lässt. Medikamente, spitze Gegenstände, aber auch für den Hund Unbekömmliches, was er beim Spazierengehen möglicherweise findet (von schädlichen Pflanzen bis zu giftigen Substanzen) – all dies kann Ihrem Hund begegnen. Das Kommando Pfui (oder je nach Belieben ein ähnlicher Ausspruch) muss daher trainiert und beherrscht werden. Trotzdem sollten Sie natürlich darauf achten, dass potentiell gefährliche Dinge auf der Arbeit und im Haus nicht unbedingt in Reichweite des Hundes sind.

Auch unangenehme Situationen muss Ihr Hund gelassen über sich ergehen lassen. Sie werden nicht verhindern können, dass Ihr Hund mal grob von Fremden angefasst wird, dass man ihm am Schwanz zieht oder auf die Pfote tritt. Gewöhnen Sie Ihren Hund schon im Spiel daran und fassen Sie ihn dabei auch mal etwas gröber an – so lernt Ihr Hund, dass dies passieren kann und nicht schlimm ist. Auch von Fremden muss er sich das gefallen lassen und dies sollte daher geübt sein. Gefahren und Unannehmlichkeiten können Sie leider nicht ausweichen, aber Sie können Ihren Hund so gut wie möglich darauf vorbereiten und sicherstellen, dass er auch in solchen Situationen gelassen bleibt.

Und hier gilt wieder: bleiben auch Sie in diesen Situationen ruhig. Wenn Ihr Hund Ihnen anmerkt, dass die Situation nicht schlimm ist und Sie ihn nicht bestärken, wird auch er gelassener damit umgehen.

8

Am Arbeitsplatz

SIE KÖNNEN IHREN HUND SCHON früh hin und wieder mit zur Arbeit nehmen, auch wenn er noch keine fertige Ausbildung hat. Geben Sie Ihrem Welpen aber zunächst ein wenig Zeit, sich zu Hause einzugewöhnen. Nach ca. 2 Wochen können Sie beginnen, ihn in Ihren Arbeitsalltag zu integrieren. Das heißt: nehmen Sie Ihren Welpen ruhig mal mit und ermöglichen Sie ihm so, sich langsam an das Arbeitsumfeld zu gewöhnen: die Abläufe, die Geräusche, die Räumlichkeiten und die Menschen. Erwarten Sie dabei aber noch nichts vom Welpen. Noch soll er nicht mitarbeiten, sondern erst einmal alles kennenlernen dürfen. Überfordern Sie ihn dabei nicht. Er sollte einen Rückzugsort haben und sich viel ausruhen können. Optimal ist es, wenn er sich ganz in Ruhe alles anschauen kann und seinem eigenen Tempo entsprechend Ihren Arbeitsplatz und Alltag erkunden darf. Achten Sie

> *Ihr Welpe sollte von klein auf seinen zukünftigen Arbeitsplatz kennenlernen.*

daher am besten auch darauf, dass er nicht direkt mit Menschen – Patienten – in Berührung kommt, die ihn zu sehr überfordern könnten, wie zum Beispiel solche, die sehr laut oder auch aggressiv werden könnten. Ihr Welpe sollte die spätere Arbeitsstelle unbedingt als positiven Ort kennenlernen und sich wohlfühlen. Angst sollte gerade in den ersten Wochen auf keinen Fall entstehen! Gleichzeitig kann er sich in den ersten Wochen gut an alles gewöhnen und Ihre Arbeit in seiner prägenden Phase kennenlernen.

9

Stress und Stressabbau

DAS BESTE MITTEL GEGEN STRESS für Ihren Hund ist: Stress sollte am besten erst gar nicht aufkommen!

Wie auch für Menschen ist Stress für Hunde ungesund und kann dauerhaft schädlich sein und Ihren Hund krank machen.

Eine gute Sozialisierung im Welpenalter ist vorbeugend der erste Schritt zur Vermeidung. Ist Ihr Hund überfordert oder verunsichert, entsteht leicht eine stressige Situation für ihn. Wie bereits erklärt, wird Ihr Hund mit vielen Situationen aber gelassener umgehen, wenn Sie ihn gut sozialisieren und in den ersten Wochen seines Lebens vieles kennenlernen lassen. Je mehr er kennt, desto weniger wird ihn irritieren oder überfordern. Ein gelassener Hund bedeutet weniger Stressaufbau und somit kann ein souveräner Umgang auch mit schwierigeren Situationen und Menschen gewährleistet werden.

Gerade bei der Arbeit im Bereich der Therapie müssen Sie sich darauf verlassen können, dass Ihr Hund sich nicht schnell aus der Ruhe bringen lässt. Er wird sich in Situationen befinden, die für einen ungeübten und nicht gut sozialisierten Hund schnell zum Stressaufbau führen könnten – wie der Umgang mit fremden Menschen, laute Geräusche etc. Gerade deshalb ist es umso wichtiger, dass Ihr Hund gelassen und relativ stressresistent ist.

Außerdem sollten auch Sie in stressigen Situationen ruhig bleiben. Wenn Sie Ihren Hund in solchen Situationen zu sehr umsorgen, würde dies dem Hund schließlich signalisieren, dass es einen Grund zur Aufregung gibt, und dadurch können Sie den Stressaufbau noch verstärken. Sind Sie unruhig, ist es dann schnell auch Ihr Hund. Bleiben Sie hingegen ruhig und sprechen Sie dem Hund nicht noch zu, geben Sie ihm zu verstehen, dass die Situation bedenkenlos ist und er sich nicht aufregen muss.

Trotzdem lässt sich Stress nicht immer vermeiden. Je besser Sie Ihren Hund kennen, desto besser werden Sie merken, wann er überfordert oder beunruhigt ist. Lassen Sie Ihren Hund sich zurückziehen, wenn er das will – und haben Sie zu Hause und auf der Arbeit daher immer einen Rückzugsort für Ihren Hund, ob Decke oder Hundebox oder Körbchen. Ihr Hund muss in der Lage sein, sich stressigen Situationen zu entziehen, wenn es für ihn zu viel wird. Ein Spaziergang oder eine andere Art der gemeinsamen Auszeit, wie zusammen spielen oder kuscheln, sind auch sehr empfehlenswert. So kann sich Ihr Hund wieder beruhigen und der Stress wird gemeinsam abgebaut.

10

Ausbildungsstätte

SIE SOLLTEN NUN DEN ersten Baustein der Grundausbildung gelegt haben. Ihr Hund sollte gut sozialisiert sein, Grundgehorsam erlernt haben und unerwünschte Verhaltensmuster abgelegt haben. Auch hat sich im Idealfall Ihre Beziehung gefestigt und die Zusammenarbeit funktioniert gut.

Nun kommt der Punkt, an dem Sie sich um die Ausbildung zum Therapiehund kümmern müssen. Je nachdem, in welchem Land Sie sich befinden, gibt es hierzu unterschiedliche Ansprüche und Prozedere. Ich werde im Folgenden die drei größten deutschsprachigen Länder – Deutschland, Österreich und die Schweiz – ansprechen und kurz skizzieren, worauf Sie bei der Wahl Ihrer Ausbildungsstätte achten sollten!

In Deutschland ist die Therapiebegleithundeausbildung nicht standardisiert. Das heißt dementsprechend, dass grundsätzlich jeder

Hundetrainer – diese müssen wenigstens dazu berechtigt sein, als Hundetrainer Hunde auszubilden – eine Ausbildung von Hunden zu Therapiebegleithunden anbieten darf. Dies ist natürlich ganz und gar nicht ideal. Bei Ihrer Auswahl einer Ausbildungsstätte sollten Sie also gut darauf achten, welche Qualifikationen der Ausbilder hat. Einerseits ist es natürlich notwendig, dass der Ausbilder behördlich zertifizierter Hundetrainer ist, aber es ist auch ratsam, dass er oder sie Erfahrungen im Bereich der Therapie und in der Arbeit mit Therapiebegleithunden hat und dementsprechende Qualifikationen vorzeigen kann! Der Hundetrainer sollte sich sowohl mit Hunden als auch mit Therapien und Patienten auskennen. Achten Sie also darauf, welche beruflichen Erfahrungen der Trainer der angebotenen Ausbildung vorweisen kann und ob diese ihn für die Ausbildung Ihres Hundes qualifizieren! Je nachdem in welchem Feld Sie arbeiten, sind spezifische Erfahrungen natürlich optimal, das heißt, der Ausbilder sollte mit Ihrer Art der Therapie und den Bedürfnissen Ihrer Patienten Erfahrung haben. Und: eine gute Ausbildung kostet Zeit. Sie und Ihr Hund werden nicht alles innerhalb von ein paar Tagen erlernen können. Angeboten, nach denen Ihr Hund und Sie in nur einem Wochenendseminar oder Workshops die Ausbildung ablegen können, sollten Sie eher skeptisch gegenübertreten!

> *In Österreich gibt es eine staatliche Prüfung zum Therapiebegleithund.*

In Österreich hingegen gibt es mittlerweile eine staatliche Prüfung zum Therapiebegleithund. Achten Sie hier darauf, dass die Ausbildungsstätte bereits erfolgreich geprüfte Therapiebegleithunde ausgebildet hat und sich damit für die Ausbildung von Therapiebegleithunden qualifiziert hat.

Außerdem sollte die Ausbildung sowohl

theoretisch wie auch praktisch angelegt sein. Achten Sie auch hier darauf, dass die angebotene Ausbildung nicht zu kurz ist, also nicht an nur ein bis zwei Wochenenden abgehandelt wird!

In der Schweiz gibt es, ähnlich wie in Deutschland, noch keine staatliche Prüfung für die Ausbildung von Therapiehunden. Daher gelten hier die gleichen Ratschläge wie bei der Ausbildung in Deutschland: Achten Sie darauf, dass der Ausbilder und die Ausbildungsstätte qualifiziert sind. Der Ausbilder sollte sowohl Hundetrainer sein als auch in der Therapie Erfahrung haben und sich mit der Arbeit mit Therapiebegleithunden auskennen. Diese Erfahrungen sollten sich möglichst auch auf die Art der Therapie beziehen, die Sie – und später Ihr Hund – selber anbieten. Beachten Sie die Ausbildungszeit und meiden Sie zu kurze Ausbildungen.

Über die Autorin

Anna Ebner wurde Mitte der 80er Jahre in Westfalen geboren. Nach ihrem Schulabschluss studierte sie Englisch und Germanistik und widmete sich in der Freizeit dem Schreiben.

Tiere waren von klein auf ein wichtiger Teil ihres Familienlebens. Neben verschiedensten Haustieren waren Hunde ihr seit ihrer Kindheit stets treue Begleiter und sind es auch heute noch.

Danksagung

Vielen Dank an Kristin Lutz, Ergotherapeutin und Hundetrainerin aus Speyer (www.hundetraining-lutz.de), und Silvia Sturmberger, Hundetherapietrainerin und Gründerin von Therapiehund & Co aus Kirchdorf in Österreich (https://www.therapiehund.net), für die Bereitschaft mir Interviews zu geben. Ihre Erfahrungen und Wissen waren eine wichtige Ergänzung für dieses Buch und für das Projekt von unheimlichem Wert. Mit ihren Informationen und Erfahrungen haben sie daher maßgeblich zur Gestaltung dieses Buches beigetragen.

Der Hunderassen-Führer für
Therapie- und Assistenzhunde
von Maria Koch

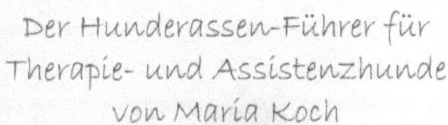

Paperback, 380 Seiten
ISBN: 978-3-944473-36-9

Dogs&Jobs

Tauchen Sie ein in die Welt der Therapie- und Assistenz-hunde! Entdecken Sie vielfältige Möglichkeiten für den Alltag und die Arbeit mit Therapiehunden oder Assistenz-hunden und profitieren Sie von einzigartigem Wissen.